城市建设工程项目安全风险分级管控与运行评估指南

曾明荣　刘光龙　吕春红　主编

应急管理出版社

·北　京·

图书在版编目（CIP）数据

城市建设工程项目安全风险分级管控与运行评估指南/曾明荣，刘光龙，吕春红主编．－－北京：应急管理出版社，2022

ISBN 978－7－5020－9223－8

Ⅰ.①城…　Ⅱ.①曾…　②刘…　③吕…　Ⅲ.①城市建设—建筑工程—安全管理—风险管理—指南　Ⅳ.①TU984－62

中国版本图书馆 CIP 数据核字（2021）第 254251 号

城市建设工程项目安全风险分级管控与运行评估指南

主　　编　曾明荣　刘光龙　吕春红
责任编辑　郑素梅
责任校对　邢蕾严
封面设计　罗针盘

出版发行　应急管理出版社（北京市朝阳区芍药居 35 号　100029）
电　　话　010－84657898（总编室）　010－84657880（读者服务部）
网　　址　www. cciph. com. cn
印　　刷　北京建宏印刷有限公司
经　　销　全国新华书店

开　　本　710mm×1000mm $^{1}/_{16}$　**印张**　13 $^{1}/_{4}$　**字数**　218 千字
版　　次　2022 年 2 月第 1 版　2022 年 2 月第 1 次印刷
社内编号　20211451　　**定价**　50.00 元

编　写　组

顾问专家	单志辉	中国电力建设企业协会专家
主　　编	曾明荣	中国安全生产科学研究院
	刘光龙	上海电气集团股份有限公司
	吕春红	北京航远安环科技有限公司
编写人员	李一奇	中国安全生产科学研究院
	刘沛仪	中国安全生产科学研究院
	曹　京	上海电气集团股份有限公司
	印志涛	上海电气集团股份有限公司
	金文超	上海电气集团股份有限公司
	曲　征	北京航远安环科技有限公司

前　　言

随着国家、地方和行业关于风险分级管控工作有关标准规范的相继出台和不断更新，按照合规性和有效性要求，为了推进城市建设工程项目安全风险分级管控工作完善优化，有效防范和遏制城市建设工程项目各类生产安全事故的发生，不断提升城市建设项目总承包企业、项目部和相关方单位安全风险管控能力和风险控制水平，推动城市建设工程项目整体构建科学严谨的安全风险分级管控体系防线，由中国安全生产科学研究院、上海电气集团股份有限公司和北京航远安环科技有限公司共同编写了《城市建设工程项目安全风险分级管控与运行评估指南》。

本书由7章28节组成，对风险分级管控的目的与适用范围、参建单位安全风险管控职责、风险识别与分析、风险分级与管控要求、风险管控清单应用、风险管控体系运行评估和评估要素管理建议等内容进行了详细的叙述。

本书全面贯彻国家安全生产相关法律法规及标准，不断探索风险预防控制机制的建立，结合城市建设工程项目在风险分级防控方面的问题和不足，系统梳理、总结和阐述了风险辨识、风险评估的各种理论和方法及其在风险分级管控中的应用与实践，并附以实际应用案例，力求做到系统、清晰、简洁、易学、易懂、易会。

本书制定了风险分级管控工作程序、实施标准、工作表单、过程质量控制等要求，城市建设工程项目总承包企业、项目部和相关方单位可借助本书系统地辨识施工工艺、设备设施、作业环境、人员行为和管理体系等方面存在的安全风险，评估风险的严重程度等级，并根据风险的严重程度等级采取有针对性的风险控制措施。

本书给出了风险管控体系运行评估方法，它的落地与执行，可有效检验工程项目安全环保风险管控体系的运行情况和存在的问题，帮助企业不断完善工程项目安全环保风险管控体系，协助企业形成风险管控的长效管控机制，进一步帮助企业切实提高工程项目事故预防技术水平和抗灾应变能力，为防范重特大事故发生提供有力保障。

本书可作为总承包企业、项目部和相关方单位项目管理人员、安全监督人员特别是参与安全风险分级管控的各类人员的工具书、学习资料和培训教材，也可以作为建设单位、项目管理单位相关人员提出工程项目安全风险管控宏观要求、落实工程项目安全风险管控首要责任的参考书。

编写组

2021 年 12 月

目　　次

1 风险分级管控概述

1.1 目的

2016年7月，习近平总书记在中共中央政治局常委会会议上发表重要讲话，要求加强城乡安全风险辨识，全面开展城市风险点、危险源的普查，防止认不清、想不到、管不到等问题的发生。国务院安委会办公室印发的《标本兼治遏制重特大事故工作指南》要求，“把安全风险管控挺在隐患前面，把隐患排查治理挺在事故前面”，体现了通过风险管理解决“想不到”的危险源，通过隐患整改解决危险源“管不住”的风险管理思路。《中共中央 国务院关于推进安全生产领域改革发展的意见》第二十一条也将强化企业预防措施作为关键要求，提出企业要定期开展风险评估和危害辨识；针对高危工艺、设备、物品、场所和岗位，建立分级管控制度，制定落实安全操作规程。《国务院安委会办公室关于实施遏制重特大事故工作指南构建双重预防机制的意见》提出了企业安全风险管控的落实意见：企业要对辨识出的安全风险进行分类梳理，对不同类别的安全风险，采用相应的风险评估方法确定安全风险等级；安全风险评估过程要突出遏制重特大事故，高度关注暴露人群，聚焦重大危险源、劳动密集型场所、高危作业工序和受影响的人群规模；重大安全风险应填写清单、汇总造册，并从组织、制度、技术、应急等方面对安全风险进行有效管控；要在醒目位置和重点区域分别设置安全风险公告栏，制作安全风险告知卡。

建筑业是我国国民经济的支柱产业，为推动国民经济增长和社会全面发展发挥了重要作用。目前，我国在城市高层建筑、地下工程、高速铁路、公路、水电、核电等重要工程建设领域的勘察设计、施工技术、标准规范方面已经达到国际先进水平，基建规模迅速扩大，从业人员总数、年施工面积飞速上升。但作为劳动强度高、危险性大的密集型行业，虽然我国整体安全生产水平持续提高，安全事故得到有效控制，但死亡人数和事故总量仍然较大，重特大事故时有发生，安全生产形势依然严峻，建筑业持续成为我国生产安全事故多发行业领域之一。在多参建方共同管理的项目管理模式下，建筑工程项目施工作业本身的复杂性、从业人员的数量巨大与素质参差不齐、外部环境影响、工期与成本的要求等，导致项目现场安全管理难度极大，唯有加大安全风险管控力度，才能随时察觉施工安全风险问题，及时选用有效措施处理相应的风险问题，降低生产安全事故发生的概率。

因此，《城市建设工程项目安全风险分级管控与运行评估指南》(以下简称《指南》）通过规范和指导城市建设工程项目总承包企业开展安全风险的分级管控工作，可评估管控工作效果，检验工程项目安全风险管控工作运行中存在的问题，提升项目安全风险管控的系统性、前瞻性、可控性，形成系统化、规范化与持续改进的风险管控模式。通过本《指南》的应用，能够帮助城市建设工程项目总承包企业建立项目风险分级管控和安全隐患排查治理双重预防机制，健全风险防范化解机制，深化源头治理、系统治理和综合治理，完善和落实责任链条、制度成果、管理办法，提升项目安全管理水平，确保项目安全风险可控。

1.2 适用范围

本《指南》适用于城市能源、水利、环保、房屋、道路、基础设施等各类建设工程项目的总承包企业开展安全风险分级管控，查评安全风险管控工作，并规范查评相关的管理工作。

2 参建单位安全风险管控职责

2.1 组织机构

2.1.1 总承包企业

设置工程项目风险管控责任人，建立风险管控领导小组，由主要负责人任组长，成员包括分管安全经理、分管生产经理、分管经营经理、技术负责人以及工程、技术、安全、质量、设备、材料、人力、财务等部门负责人。风险分级管控工作办公室设置在项目管理单位安全生产管理部门。

2.1.2 总承包项目部

成立风险管控领导小组，由项目负责人任组长，成员至少包括项目部工程技术、安全、机械、设备、经营等部门负责人，各相关方单位项目部经理、副经理、总工程师。项目风险分级管控工作办公室设置在项目安全生产管理部门。

2.1.3 各相关方单位

成立风险管控领导小组，由项目经理任组长，成员包括项目部副经理、总工程师，工程、安全、质量、设备、材料、经营等部门负责人、各专业工程师等。

2.2 各级职责

2.2.1 总承包企业

总承包企业在工程项目风险管控工作中的主要职责包括：

（1）依据本《指南》对工程项目风险分级管控工作进行指导、监督与检查。

（2）风险管控领导小组负责建立与运行风险分级管控体系，负责对项目部安全生产风险分级管控工作小组进行监督指导。

（3）建立风险分级管控制度，明确各部门、各岗位的风险管控职责；掌握风险的分布情况、可能发生的后果、风险级别及控制措施等。

（4）负责组织本公司的安全生产风险评估工作，汇总各工程项目的风险辨识与评价清单，确定由本公司管控的1、2级风险管控清单，并进行督办和落实。定期更新安全生产风险分级管控清单，发布1、2级风险动态信息。

（5）负责对1、2级风险管控措施落实进行挂牌监督检查。

（6）制定、发布并贯彻落实考核办法，组织运行检验查评工作。

（7）审查各工程项目运行检验达标自查自评报告，组织专家对现场运行检验达标情况进行审核，收集考核办法运行过程中存在的问题和建议。

2.2.2 总承包项目部

总承包项目部在工程项目风险管控工作中的主要职责包括：

（1）总承包项目部是危险源辨识、风险评价和管控的主体。

（2）项目部应建立风险分级管控制度，明确各部门、各岗位的风险管控职责。

（3）负责开展项目部安全生产风险辨识与评估工作，组织各相关方单位应结合本工程实际，根据工程施工现场情况和管理特点，全面开展风险辨识与评价，建立本项目全过程安全风险辨识与评价清单。

（4）发布月度风险预警预测信息，严格落实相关管理责任和管控措施，有效防范和减少生产安全事故。

（5）负责定期对相关方单位风险分级管控和隐患排查治理体系运行情况进行指导、监督。

（6）在工程项目施工活动中发现的新重大危险源和重大风险应及时上报给总承包企业，及时更新安全生产重大风险分级管控清单。

（7）负责对1、2、3级风险管控措施落实情况进行监督检查。

（8）负责贯彻和落实考核办法，组织本工程项目的运行检验查评工作。

（9）负责制定本工程项目检验达标计划和工作方案，进行日常和专项自查自评工作，并组织本工程项目各相关方单位开展运行检验达标自查自评工作。

（10）编写本工程项目检验运行达标自查自评报告，经自评领导小组评审通过，并由组长签字后上报。

（11）收集安全风险管控标准实施过程中存在的问题，制定整改措施。

2.2.3 相关方单位

相关方单位在工程项目风险管控工作中的主要职责包括：

（1）风险管控工作小组负责项目风险分级管控体系的建立与运行，负责对施工作业班组风险分级管控监督指导。

（2）应建立风险分级管控制度，明确各部门、各岗位的风险管控职责。

（3）应掌握本单位风险的分布情况、可能后果、风险级别及控制措施等。

（4）负责开展本单位安全生产风险评估工作，对项目危险源进行识别、分析、评价等。

（5）相关方单位各岗位管理人员、作业人员应全员参与风险分级管控活动，确保风险分级管控覆盖工程项目承担承包合同范围内的所有标段、区域、场所、岗位、作业活动和管理活动，确保施工现场危险源辨识全面系统、规范有效。

（6）在工程管理、施工活动中发现的新重大危险源和重大风险应及时上报建设工程项目部（总承包），及时更新安全生产重大风险分级管控清单。

（7）负责对1、2、3、4级风险辨识、评价和风险管控措施的制定与实施。

2.2.4 作业班组及作业人员

1. 作业班组

作业班组在工程项目风险管控工作中的主要职责包括：

（1）负责作业风险分级管控体系的运行，对作业人员风险分级管控措施落实情况进行监督指导。

（2）应掌握作业班组风险的分布情况、可能后果、风险级别及控制措施等；负责开展作业班组安全生产风险评估工作，按照项目发布的风险清单、作业方案中的风险辨识作业内容，落实预防风险措施。

（3）对在作业活动中发现的新危险源和作业风险及时上报本单位项目部。

（4）对本班组作业人员的作业活动进行风险管控交底。

（5）负责1、2、3、4级风险管控措施的执行。

2. 施工作业人员

施工作业人员在工程项目风险管控工作中承担的主要职责包括：

（1）应掌握本岗位涉及的风险的分布情况、可能后果、风险级别及控制措施等。

（2）按时参加班组安全会，落实施工方案安全技术措施、安全技术交底要求。

（3）将本岗位施工活动中发现的新危险源和作业风险及时上报施工作业班组。

2.3 教育培训

2.3.1 总承包企业

组织各工程项目风险辨识与评价管理人员开展风险分级管控体系建设培训，内容包括建设方案、流程、方法、要求等。应将风险分级管控培训纳入年度安全培训计划。

2.3.2 总承包项目部

分层次、分阶段组织本项目部和相关方单位管理人员进行培训，使其掌握本项目风险类别、危险源辨识和风险评价方法、风险评价结果、风险管控措施，并保留培训记录。

2.4 运行考核

总承包企业、总承包项目部应建立并落实风险分级管控体系运行考核奖惩制度，明确考核奖惩的标准、频次、方式方法等，并将考核结果与员工安全评先或工资薪酬挂钩。

3 风险识别与分析

3.1 风险辨识范围与单元划分

工程项目的风险辨识范围为城市建设工程项目全过程的全部设备与作业活动。按照施工作业类、机械设备类、设施场所类、作业环境类和其他类分别进行单元划分。对首次采用的新技术、新工艺、新设备、新材料及尚无相关技术标准的危险性较大的危大工程，应作为危险源对象进行辨识与风险评价。

上述情况外的工程项目存在风险的所有活动、场所和部位也应进行风险辨识。

3.2 风险辨识与评价方法

3.2.1 辨识方法

1. 工作危害分析法（JHA）

工作危害分析法是一种定性的风险分析辨识方法，是基于作业活动的一种风险辨识技术，可用来进行人的不安全行为、物的不安全状态、环境的不安全因素以及管理缺陷等的有效识别。

采用工作危害分析法进行分析时，应先将工程项目的施工作业活动划分成多个施工工序，找出每个施工工序中的危险源，并判断其在现有安全控制措施条件下可能导致的事故类型及其后果。若现有安全控制措施不能满足安全施工的需要，应制定新的安全控制措施以保证安全施工；采取安全控制措施后危险性仍然较大时，还应将其列为重点对象加强管控，必要时还应制定应急处置措施来加以保障，从而将风险降低至可以接受的水平。

2. 安全检查表法（SCL）

安全检查表法是一种定性的风险分析辨识方法，它是将一系列项目列出检查表进行分析，以确定施工现场及周边构筑物的状态是否符合安全要求，通过检查发现建筑施工过程中存在的风险，提出改进措施的一种方法。安全检查表的编制主要依据以下四个方面的内容：

（1）与国家、行业、地方工程项目施工有关的安全法规、规定、规程、规范和标准，企业的规章制度、标准及操作规程。

（2）国内外工程项目行业、施工企业事故统计案例，经验教训。

（3）行业及企业安全生产经验，特别是减少或避免事故发生的实践经验。

（4）系统安全分析的结果，如采用事故树分析方法找出的不安全因素，应作为防止事故控制点源列入检查表。

3.2.2 风险评价方法

1. LEC 法

LEC 法是一种用与系统风险有关的三种因素的综合评价来确定系统人员伤亡风险的方法。三种因素即 *L*（发生事故的可能性大小）、*E*（暴露于危险环境中的频繁程度）、*C*（事故后果）。

L、*E*、*C* 的乘积为风险值，用 *D* 表示。*L*、*E*、*C* 值的确定分别见表 3－1、表 3－2、表 3－3。*D* 值及风险等级的确定，见表 3－4。

表 3－1 事故发生的可能性与 *L* 值对应表

L 值	事故发生的可能性
10	完全可以预料
6	相当可能
3	可能，但不经常
1	可能性小，完全意外
0.5	很不可能，可以设想
0.2	极不可能
0.1	实际不可能

表 3－2 人员暴露于危险环境中频繁程度与 *E* 值对应表

E 值	频繁程度
10	连续暴露
6	每天工作时间内暴露
3	每周一次或偶然暴露
2	每月一次暴露
1	每年几次暴露
0.5	非常罕见的暴露

表3－3 事故后果与 C 值对应表

C 值	后果
100	10人以上死亡
40	3～9人死亡
15	1～2人死亡
7	严重
3	重大，伤残
1	引人注意

表3－4 风险等级与 D 值对应表

D 值	风险程度（对应风险等级）
＞320	极其危险，不能继续作业
160～320	高度危险，需立即整改
70～160	显著危险，需要整改
20～70	一般危险，需要注意
＜20	稍有危险，可以接受

2. LS法

LS法即风险矩阵分析法。$R=L\times S$，其中 R 是风险值，指事故发生的可能性与事件后果的结合；L 是事故发生的可能性；S 是事故后果严重性。R 值越大，说明该系统危险性越大、风险越大。

L、S、R 的具体判定准则分别见表3－5、表3－6、表3－7。根据判定准则确定的风险程度可以形成风险矩阵（表3－8）。

表3－5 事故发生的可能性（L）判定准则

等级	标准
5	在现场没有采取防范、监测、保护、控制措施，或危害的发生不能被发现（没有监测系统），或在正常情况下经常发生此类事故或事件
4	危害的发生不容易被发现，现场没有监测系统，也未发生过任何监测；或在现场有控制措施，但未有效执行或控制措施不当；或危害常发生或在预期情况下发生
3	没有保护措施（如没有保护装置、没有个人防护用品等）；或未严格按操作程序执行；或危害的发生容易被发现（现场有监测系统）；或曾经做过监测；或过去曾发生过类似事故或事件
2	危害一旦发生能及时发现，并定期进行监测；或现场有防范控制措施，并能有效执行；或过去偶尔发生过事故或事件
1	有充分、有效的防范、控制、监测、保护措施；或员工安全卫生意识相当高，严格执行操作规程；极不可能发生事故或事件

表3-6 事件后果严重性（S）判定准则

等级	法律、法规及其他要求	人员	直接经济损失	停工	企业形象
5	违反法律、法规和标准	死亡	100万元以上	部分装置（>2套）或设备	重大国际影响
4	潜在违反法规和标准	丧失劳动能力	50万元以上	2套装置或设备	行业内、省内影响
3	不符合上级公司或行业的安全方针、制度、规定等	截肢、骨折、听力丧失、慢性病	1万元以上	1套装置或设备	地区影响
2	不符合企业的安全操作程序、规定	轻微受伤、间歇不舒服	1万元以下	受影响不大，几乎不停工	公司及周边范围
1	完全符合	无伤亡	无损失	没有停工	形象没有受损

表3-7 风险等级判定准则及控制措施

风险值	风险等级		应采取的行动/控制措施	实施期限
20~25	1级	极其危险	在采取措施降低危害前，不能继续作业，对改进措施进行评估	立刻
15~16	2级	高度危险	采取紧急措施降低风险，建立运行控制程序，定期检查、测量及评估	立即或近期整改
9~12	3级	显著危险	可考虑建立目标、建立操作规程，加强培训及沟通	2年内治理
1~8	4级	轻度危险	可考虑建立操作规程、作业指导书，但需定期检查	有条件、有经费时治理

表3-8 风险矩阵表

后果等级	5	轻度危险	显著危险	高度危险	极其危险	极其危险
	4	轻度危险	轻度危险	显著危险	高度危险	极其危险
	3	轻度危险	轻度危险	显著危险	显著危险	高度危险
	2	轻度危险	轻度危险	轻度危险	轻度危险	显著危险
	1	轻度危险	轻度危险	轻度危险	轻度危险	轻度危险
		1	2	3	4	5

3. 直接判断法

根据国家法律法规、规范标准设置风险判定标准，当工程项目施工过程中达到或超过设定标准的，直接判定为相应的风险等级。

3.3 风险辨识、评价程序

工程开工前，工程项目各部门、各相关方单位由本单位总工程师组织工程管理部门负责人和各专业工程师，对所承担标段的工程项目作业活动和作业设备进行辨识，内容包括工程项目名称、作业活动名称、作业活动内容、岗位与地点、活动频率，编制形成工程项目作业活动和设备设施清单（表3－9）。

表3－9 工程项目作业活动和设备设施清单

序号	工程项目名称	作业活动名称	作业活动内容	岗位/地点	活动频率
1					
2					
3					
4					
…					

编制人（签字）：

依据编制的项目作业活动和作业设备设施清单，相关方单位由本单位总工程师组织工程管理部门负责人和各专业工程师，对作业活动和作业设备存在的危害因素进行全面辨识，并进行风险评价，编制形成本单位的工程项目作业风险辨识与评价清单（表3－10）。

表3－10 工程项目作业风险辨识与评价清单

序号	施工项目	作业活动	危害因素	可导致事故	风险评价				风险级别	主要措施
					L	*E*	*C*	*D*		
1										
2										
3										

表3－10（续）

序号	施工项目	作业活动	危害因素	可导致事故	风险评价				风险级别	主要措施
					L	*E*	*C*	*D*		
4										
…										

相关方单位项目部依据直接判断条件，对本单位工程进行重大作业风险进行辨识并形成工程项目直接判定重大作业风险清单（表3－11）。

表3－11　工程项目直接判定重大作业风险清单

项目：　　　　　　　　　　　　　　　　时间：

序号	类　型	作业风险名称	论证结果	实施验收	备　注
1					
2					
3					
4					
…					

编制人：　　　　　　　　　审核人：　　　　　　　　　批准人：

相关方单位项目部对直接定性为重大风险与作业风险辨识出的重大风险制定出相应的控制措施后合并形成项目重大风险控制措施清单（表3－12）。

表3－12　工程项目重大风险控制措施清单

序号	作业项目名称	作业活动内容	可导致事故类型	控制措施				
				工程技术措施	管理措施	培训教育措施	个体防护措施	应急处置措施
1								
2								
3								
4								
…								

总承包项目部风险管控领导小组对各相关方单位上报的工程项目作业活动和设备设施清单、工程项目作业风险辨识与评价清单、工程项目重大风险控制措施清单进行汇总、评审、批准、发布，并及时上报总承包企业安环管理部门。

总承包项目部负责风险管控措施清单的实施和监督管理，同时应将风险辨识与控制管理纳入项目安全文明施工总策划和年度安全技术措施管理计划中，明确各部门、相关方单位风险管控职责。

总承包企业安环管理部门应当及时收集汇总各类工程项目风险辨识数据，定期对风险数据进行审核确认。总承包企业或其上级单位应建立项目安全风险数据库；根据上报的作业活动和设备设施清单、作业风险辨识与评价清单、重大风险清单，及时更新安全风险数据库，对重大风险进行监控，做到持续改进，为项目进行风险辨识及风险预警预测提供决策依据，为项目风险辨识与评价提供辨识和评价参考模板。

4 风险分级与管控

4.1 风险分级与要求

4.1.1 安全风险等级

安全风险从高到低可以划分为重大风险、较大风险、一般风险和低风险4级，分别用“红、橙、黄、蓝”四种颜色标示，实施分级管控，其中：

（1）重大风险/红色风险：极其危险。

（2）较大风险/橙色风险：高度危险。

（3）一般风险/黄色风险：中度危险。

（4）低风险/蓝色风险：轻度危险。

4.1.2 直接判定重大风险

对有下列情形之一的，基于事故发生后果的严重性，无论评价级别为何种等级，可直接判定为重大风险：

（1）违反法律、法规的以及不满足国家标准、行业标准中强制性条款的。

（2）发生过死亡、重伤、重大财产损失事故，且现在发生事故的条件依然存在的。

（3）具有中毒、爆炸、火灾、坍塌、交叉、吊装等危险的场所，作业人员在10人及以上的。

（4）确定是超过一定规模的危险性较大分部分项工程（需要专家论证专项施工方案或评价为重要的专项施工方案的）。

（5）经风险评价确定为最高级别风险的。

4.1.3 分级控制原则

总承包项目部对风险作业的预防控制按照“分级控制”的原则明确监控级别，并确保各级控制与监督人员到岗、到位。

风险分为4级风险（D值<70）、3级风险（D值在70~160之间）、2级风险（D值在160~240之间）、1级风险（D值在240~320之间），分值在320以上的表示非常危险，应立即停止作业直至得到改善为止。

风险管控层级为四级，分别为总承包企业级、总承包项目部级、相关方单位级、施工班组级，见表4-1。

表4-1　风险分级管控层级

风险级别	危险程度	标识颜色	监控单位	责任人
1级风险	重大风险	红色	总承包企业	主要负责人/安环部部门
2级风险	较大风险	橙色	总承包项目部	项目经理、总工/工程、安环部
3级风险	一般风险	黄色	总承包项目部、相关方单位项目部	项目经理、总工/工程、安环部
4级风险	低风险	蓝色	作业班组	班组长、岗位员工

注：各相关方单位专业管理人员和安全管理人员应按照职责现场进行监督检查并验证。

上一级负责管控的风险，下一级必须同时负责管控，并逐级落实具体措施。可以根据本单位的实际组织架构增加管控层级。项目中的专业分包和劳务分包等同于施工班组层级。

4.2　风险控制措施

风险控制措施主要有安全技术措施、管理措施、培训教育措施、防护措施、应急处置措施五项，要求风险辨识清单中分别列出。

4.2.1　安全技术措施

安全技术措施指作业、设备设施本身固有的控制措施，通常采用的工程技术措施包括：

（1）消除。通过合理的设计和科学的管理，尽可能从根本上消除危险、危害因素，如职工宿舍区集中供暖取代每间宿舍燃煤采暖，消除一氧化碳中毒这一危险源。

（2）预防。当消除危险、危害因素有困难时，可采取预防性技术措施，预防危险、危害发生，如使用漏电保护装置、起重量限制器、力矩限制器、起升高度限制器、防坠器等。

（3）减弱。在无法消除危险、危害因素和难以预防的情况下，可采取减少危险、危害的措施，如设置安全防护网、安全电压、避雷装置等。

（4）隔离。在无法消除、预防、减弱危险、危害的情况下，应将人员与危险、危害因素隔开和将不能共存的物质分开，如圆盘锯防护罩、拆除脚手架设置隔离区、钢筋调直区域设置隔离带、氧气瓶与乙瓶分开放置等。

（5）警告。在易发生故障和危险性较大的地方，配置醒目的安全色、安全标志，必要时设置声、光或声光组合报警装置，如塔式起重机起重力矩设置声音报警装置。

4.2.2 管理措施

通常采用的管理措施包括：制定安全管理制度，成立安全管理组织机构，制定安全技术操作规程，编制专项施工方案，组织专家论证，进行安全技术交底，对安全生产进行监控，进行安全检查、技术监测以及实施安全奖罚等。

4.2.3 培训教育措施

通常采用的培训教育措施包括：员工入场三级培训、每年再培训、安全管理人员及特种作业人员继续教育、作业前安全技术交底、体验式安全教育以及其他方面的培训。

4.2.4 防护措施

通常采用的个体防护措施包括：安全帽、安全带、防护服、耳塞、听力防护罩、防护眼镜、防护手套、绝缘鞋、呼吸器等。

4.2.5 应急处置措施

通常采用的应急处置措施包括：紧急情况分析、应急预案制定、现场处置方案制定、应急物资准备以及应急演练等。

4.3 应用参考

4.3.1 城市火电工程项目

火电工程项目是一项复杂的系统工程，具有建设周期长、涉及承包商单位多、交叉作业特种作业多、生产单元复杂、大型设备设施多、占地面积广等特点。虽然城市火电工程项目相对一般火电项目规模小，但作业人员密度大，特别是与周边环境存在一系列关联性，潜藏着大量安全风险。因此，城市火电工程项目风险辨识建议采用 LEC 法。应当充分梳理作业活动的位置和频次，辨析作业过程中存在的设备设施，提出管控措施。

针对城市火电工程项目，提出作业活动和设备设施参考清单（表4－2），针对各类作业活动风险辨识与评价结果进行举例（表4－3、表4－4），供总承包单位、总承包项目部及承包商单位参考。

表4－2 火电工程项目作业活动和设备设施参考清单

序号	工程名称	作业活动名称及内容	岗位/地点	活动频率	备注
一、土建部分					
1	地基处理与桩基工程	爆破作业	基坑作业区	频繁进行	
		桩基施工	基坑作业区	频繁进行	
2	基础工程	土方开挖	基坑作业区	定期进行	
		垫层施工	基坑作业区	定期进行	
		钢筋绑扎	基坑作业区	定期进行	
		模板施工	基坑作业区	定期进行	
		混凝土浇筑	基坑作业区	定期进行	
		基础回填	基坑作业区	定期进行	
		钢筋绑扎	基坑作业区	定期进行	
		模板施工	基坑作业区	定期进行	
		混凝土浇筑	基坑作业区	定期进行	
3	主体结构工程	钢筋施工	土建施工区	定期进行	
		模板施工	土建施工区	定期进行	
		混凝土施工	土建施工区	定期进行	
4	建筑装饰装修工程	装饰装修	土建施工区	定期进行	
5	建筑设备安装工程	设备运输	土建施工区	特定时间进行	
		设备卸车	土建施工区	特定时间进行	
		设备吊装	土建施工区	特定时间进行	

表4-2（续）

序号	工程名称	作业活动名称及内容	岗位/地点	活动频率	备注
6	烟囱工程	电动提升系统	土建施工区	特定时间进行	
		翻模施工混凝土作业	土建施工区	特定时间进行	
		电动提模平台组装	土建施工区	特定时间进行	
		钢平台吊装系统组装、拆除	土建施工区	特定时间进行	
7	水塔、间冷塔、空冷岛工程	人字柱预制安装	土建施工区	特定时间进行	
		环梁筒壁牛腿	土建施工区	特定时间进行	
		爬梯、扶梯安装	土建施工区	特定时间进行	
二、安装部分					
8	汽机专业	设备运输起重作业（装车、运输、卸车、吊装就位）	汽机施工区	特定时间进行	
		汽轮机汽缸就位（低压缸、中压缸、高压缸）	汽机施工区	特定时间进行	
		汽轮机扣盖（低压、中压、高压）	汽机施工区	特定时间进行	
		发电机定（静）子吊装	汽机施工区	特定时间进行	
		发电机穿转子	汽机施工区	特定时间进行	
		冷凝器安装	汽机施工区	特定时间进行	
		蒸汽管道安装	汽机施工区	频繁进行	
		发电机充氢试验	汽机施工区	特定时间进行	
		滤油	汽机施工区	特定时间进行	
9	锅炉专业	设备运输及二次倒运	锅炉施工区域	频繁进行	
		设备吊装、安装	锅炉施工区域	频繁进行	
		水压试验	锅炉施工区域	特定时间进行	
		锅炉酸洗	锅炉施工区域	特定时间进行	
		筑炉和保温	锅炉施工区域	特定时间进行	
			锅炉施工区域	频繁进行	

表4-2（续）

序号	工程名称	作业活动名称及内容	岗位/地点	活动频率	备注
10	电气专业	发电机引下线及封闭母线	电气施工区	频繁进行	
		盘柜设备安装	电气施工区	频繁进行	
		电缆桥架安装及电缆敷设	电气施工区	特定时间进行	
		接地系统安装	电气施工区	特定时间进行	
		电气试验，调整及启动带电	电气施工区	特定时间进行	
11	热控专业	取样装置及测温原件安装，管路敷设	热工施工区	特定时间进行	
12	焊接专业	焊接作业	焊接施工区	频繁进行	
13	金属检验专业	射线探伤，金相分析，暗室工作，机械性能试验，光谱分析	金属检验施工区	特定时间进行	
14	起重专业	塔吊、龙门吊、履带吊安拆及日常使用	起重作业区	特定时间进行	
15		施工升降机安拆及日常使用	起重作业区	特定时间进行	
三、调试部分					
16	燃油系统调试	燃油调试	调试施工区	特定时间进行	
17	点火系统调试	锅炉油枪点火	调试施工区	特定时间进行	
		点火调试	调试施工区	特定时间进行	
18	热工设备调试	热工设备调试	调试施工区	特定时间进行	
		润滑油调试	调试施工区	特定时间进行	
		漏油、加油	调试施工区	特定时间进行	
		高温作业	调试施工区	特定时间进行	

表4-2（续）

序号	工程名称	作业活动名称及内容	岗位/地点	活动频率	备　注
19	化学清洗	化学调试	调试施工区	特定时间进行	
		化学清洗调试	调试施工区	特定时间进行	
		使用盐酸	调试施工区	特定时间进行	
		使用柠檬酸	调试施工区	特定时间进行	
		使用碱洗液	调试施工区	特定时间进行	
		加入氨、联胺药品	调试施工区	特定时间进行	
		使用燃油	调试施工区	特定时间进行	
		化学清洗液调试	调试施工区	特定时间进行	
		汽包进入清洗液	调试施工区	特定时间进行	
		使用氢气	调试施工区	特定时间进行	
20	蒸汽吹管	蒸汽吹管调试	调试施工区	特定时间进行	
		使用润滑油	调试施工区	特定时间进行	
		使用燃油	调试施工区	特定时间进行	
		煤粉投入	调试施工区	特定时间进行	
		蒸汽吹管调试	调试施工区	特定时间进行	
		锅炉油枪	调试施工区	特定时间进行	
		吹管排汽	调试施工区	特定时间进行	
21	现场调试	现场作业	调试施工区	频繁进行	
		四、通　用　部　分			
22	施工用电	临时用电接引及维护等	现场施工区域	特定时间进行	
23	脚手架	脚手材料进场	现场施工区域	特定时间进行	
24		脚手架搭拆	现场施工区域	特定时间进行	
25	施工机械	门式起重机安装、拆除及负荷试验	现场施工区域	特定时间进行	
26		塔式起重机安装、拆除及负荷试验	现场施工区域	特定时间进行	
27		履带式起重机安装、拆除及负荷试验	现场施工区域	特定时间进行	

说明：不限于清单中所列作业项目，仅供参考。

表4-3 火电工程项目作业风险辨识与评价清单（样例）

序号	施工项目	作业活动	危害因素	可导致事故	风险评价				风险级别	主要控制措施
					L	*E*	*C*	*D*		
一、土建部分										
1	主体与附属建筑									
1.1	地基处理与桩基工程	爆破作业	无资质单位、人员承担爆破作业，违章作业	人员伤害	1	3	40	120	3	施工单位资质符合要求，严格按照审批方案要求施工
1.2	地基处理与桩基工程	爆破作业	未制定施工方案、安全措施，方案、措施未交底落实	人员伤害	1	3	40	120	3	作业前制定爆破作业方案，并严格履行编审批手续，按要求进行安全技术交底，严格落实爆破作业措施
1.3	基础工程	土方开挖	边坡放坡比例不够，缺少护坡措施，开挖土石方堆放距离基坑边缘过近	坍塌	1	3	40	120	3	按照方案要求放坡并采取边坡防护措施
1.4	基础工程	土方开挖	开挖区域未设护栏、夜间无红色警示灯、夜间危险区域未设照明灯，基坑未设上下人行爬梯	高处坠落	1	6	15	90	3	开挖区域设护栏、夜间设红色警示灯、夜间危险区域照明充足，基坑设上下人行爬梯
1.5	基础工程	基坑回填	运输车辆状况不良，人员无证驾驶、违章驾驶	交通事故	1	3	15	45	4	作业前对运输车辆状况全面检查，驾驶人员持证上岗，严禁超速、超载行驶
1.6	基础工程	基坑回填	运输线路或倾倒渣土区域有线路通过或有线杆，未有人监护或监护不到位	触电、设备损坏	1	3	15	45	4	运输线路或倾倒渣土区域有线路通过或有线杆时，设专人监护、指挥车辆

表4-3（续）

序号	施工项目	作业活动	危害因素	可导致事故	风险评价				风险级别	主要控制措施
					L	E	C	D		
1.7	主体结构工程	模板施工	高处作业进行模板安装、拆除作业无完善防护设施，人员未使用防护用品	高处坠落、物体打击	1	6	15	90	3	高处作业进行模板安装、拆除作业前，设置防护设施并检查验收合格，作业人员按要求使用个人防护用品
1.8	主体结构工程	模板施工	风力较大、雷雨等恶劣天气进行较大模板安装、拆除作业	物体打击	1	6	7	42	4	风力较大、雷雨等恶劣天气严禁进行较大模板安装、拆除作业
1.9	主体结构工程	钢筋绑扎	高处作业绑扎钢筋未采取有效安全措施，人员未正确使用防护用品	高处坠落	1	6	7	42	4	高处作业绑扎钢筋设置作业平台和防护围栏，作业人员正确使用个人防护用品
1.10	主体结构工程	钢筋绑扎	多人抬钢筋配合不协调	人员伤害	1	3	7	21	4	倒运钢筋配合协调
1.11	主体结构工程	混凝土浇筑	山地路段混凝土运输车辆行驶	翻车、交通事故	1	3	15	45	4	山地路段混凝土运输车辆行驶严禁超速、超载
1.12	主体结构工程	混凝土浇筑	混凝土泵车支车处地基不良，支腿处未垫实	设备损坏	3	3	15	135	3	混凝土泵车支车处地基坚实，支腿处按要求垫实
1.13	建筑装饰装修工程	装饰装修	架体上材料存放过多，材料乱堆乱放阻塞通道；人员抛接材料、工具	物体打击	3	3	7	63	4	按要求搭设卸料平台，脚手架架体上严禁存放过多材料，严禁乱堆乱放材料阻塞通道；严禁人员抛接材料、工具
1.14	建筑装饰装修工程	装饰装修	人员违章作业，未使用防护用品	高处坠落	3	3	7	63	4	人员按照方案措施要求作业，正确使用个人防护用品

表4-3（续）

序号	施工项目	作业活动	危害因素	可导致事故	风险评价				风险级别	主要控制措施
					L	*E*	*C*	*D*		
1.15	建筑装饰装修工程	设备卸车	机械操作人员违章操作、指挥人员违章指挥	人员伤害、设备损坏	1	3	15	45	4	机械操作人员、指挥人员按章操作，严禁违反“十不吊”要求
1.16	建筑装饰装修工程	设备吊装	施工方案、安全措施未编制审批，未进行交底就开始施工	吊装事故	1	2	40	80	3	作业前，制定施工方案并严格履行编制审批手续，按要求进行安全技术交底
1.17	建筑设备安装工程	设备吊装	高压线下方及附近进行吊装作业，安全距离不符合要求，未执行安全措施	触电	1	3	15	45	4	高压线下方及附近进行吊装作业，按要求办理施工作业票，安全距离符合要求，严格执行安全措施
1.18	……									
2	烟囱工程									
2.1	烟囱工程	电动提升系统	使用前没有进行荷载试验	人员伤害、设备损坏	3	3	15	135	3	使用前按要求进行荷载试验
2.2	烟囱工程	电动提升系统	安拆没有填写安全施工作业票，没有安全技术交底	事故发生及设备损坏	1	3	15	45	4	安拆作业按要求办理安全施工作业票，并落实安全技术交底
2.3	烟囱工程	翻模施工混凝土作业	振捣人员没戴绝缘手套等	触电	1	3	15	45	4	振捣人员按要求佩戴绝缘手套
2.4	烟囱工程	翻模施工混凝土作业	作业面上的行灯电压超标	触电	1	2	15	30	4	作业面上的行灯电压符合安全规范要求

表4-3（续）

序号	施工项目	作业活动	危害因素	可导致事故	风险评价				风险级别	主要控制措施
					L	*E*	*C*	*D*		
2.5	烟囱工程	电动提模平台组装	提升平台间连接螺栓截面不够	人员伤害	1	2	15	30	4	对提升平台间连接螺栓截面检查，不符合要求及时更换
2.6	烟囱工程	钢平台吊装系统组装、拆除	底提升平台离三脚架过高，安全网在安三脚架时散开	人员伤害	1	2	15	30	4	安全网按要求铺设，因施工需要拆除时，作业完毕必须及时恢复并检查确认
2.7	烟囱工程	钢平台吊装系统组装、拆除	安装走道板人员没设双保监护	人员伤害	0.2	3	15	9	4	安装走道板人员采取双保护措施
2.8	烟囱工程	电动提模平台组装	拆除大件没分解加保护绳	人员伤害	0.2	3	40	24	4	拆除大件采取有效临时保护措施
2.9	烟囱工程	电动提模平台组装	起重系统安装未满足设计和规范要求	人员伤害	1	3	15	45	4	起重系统安装满足设计和规范要求
2.10	……									
3	水塔、间冷塔、空冷岛工程									
3.1	水塔、间冷塔、空冷岛工程	土方施工	排水设备漏电	触电	1	2	15	30	4	施工用电符合“一机一闸一保护”要求
3.2	水塔、间冷塔、空冷岛工程	基础钢筋作业	基础钢筋绑扎未设马凳	人员伤害	0.2	6	40	48	4	基础钢筋绑扎设马凳

表4-3（续）

序号	施工项目	作业活动	危害因素	可导致事故	风险评价				风险级别	主要控制措施
					L	E	C	D		
3.3	水塔、间冷塔、空冷岛工程	人字柱预制安装	施工临时电线受损	触电	1	2	15	30	4	施工临时用电线路穿管保护或架空敷设
3.4	水塔、间冷塔、空冷岛工程	人字柱预制安装	电源箱无锁闸设置	触电、人员伤害	1	2	15	30	4	电源箱配锁闸
3.5	水塔、间冷塔、空冷岛工程	环梁筒壁牛腿	加减丝、垂直支撑等螺丝不紧	人员伤害	0.2	6	40	48	4	按要求紧固加减丝、垂直支撑等螺丝，并做好检查确认
3.6	水塔、间冷塔、空冷岛工程	环梁筒壁牛腿	拆模与防腐、堵眼与绑筋交叉作业	人员伤害	3	3	15	135	3	严禁拆模与防腐、堵眼与绑筋交叉施工
3.7	水塔、间冷塔、空冷岛工程	爬梯、扶梯安装	刚性环上存放材料不稳	物体打击	0.2	3	40	24	4	刚性环上存放材料固定稳固，小件材料必须装袋装箱存放
3.8	……									
二、安装部分										
1	汽机专业	设备运输起重作业(装车、运输、卸车、吊装就位)	不正确使用钢丝绳	人员伤害、设备损坏	1	2	15	30	4	设备固定、绑扎按要求使用钢丝绳，并绑扎牢固

表4-3（续）

序号	施工项目	作业活动	危害因素	可导致事故	风险评价				风险级别	主要控制措施
					L	E	C	D		
2	汽机专业	设备运输起重作业(装车、运输、卸车、吊装就位)	钢丝绳打绳夹处断裂	人员伤害、设备损坏	0.2	3	40	24	4	作业前，对钢丝绳、卡环等吊装工器具进行检查确认，存在缺陷或安全隐患严禁使用
3	汽机专业	汽轮机汽缸就位，低压缸、中压缸、高压缸	清洗汽缸隔板密封瓦用易燃棉纱随意堆弃	火灾	1	3	15	45	4	清洗作业废料严禁乱抛，按要求回收处理
4	汽机专业	汽轮机汽缸就位，低压缸、中压缸、高压缸	桥吊吊起汽缸设备发生意外	人员伤害、设备损坏	0.2	3	40	24	4	作业前，对钢丝绳、卡环等吊装工器具进行检查确认，存在缺陷或安全隐患严禁使用。吊装作业设隔离警戒区域，无关人员严禁入内
5	汽机专业	汽轮机扣盖(低压、中压、高压)	桥吊司机误操作	人员伤害、设备损坏	1	2	15	30	4	桥吊司机持证上岗，按照规范要求操作
6	汽机专业	发电机定(静)子吊装	定（静）子吊装不按吊装方案进行施工	人员伤害、设备损坏	1	3	15	45	4	作业前按要求进行安全技术交底，组织人员对吊装前安全措施检查确认，符合要求方允许吊装作业
7	汽机专业	发电机定(静)子吊装	定（静）子吊装不填写重大带电施工作业票、无防范措施	人员伤害、设备损坏	0.2	3	40	24	4	吊装作业前按要求办理施工作业票，措施完备并严格落实措施

表4-3（续）

序号	施工项目	作业活动	危害因素	可导致事故	风险评价				风险级别	主要控制措施
					L	E	C	D		
8	汽机专业	发电机穿转子	进入发电机内部检查人员的照明灯不是36 V	触电	3	2	15	90	3	金属容器内安全电压符合安全规范要求
9	汽机专业	冷凝器安装	冷凝器内部没装排风机	窒息（缺氧）	3	2	15	90	3	设置冷凝器内部排风机，并保证正常运行
10	汽机专业	蒸汽管道安装	检修人员在检修主汽门时，操作人误将主汽门打开	人员伤害	6	2	7	84	3	检修作业按要求办理作业票，作业前做好相关检查确认工作，无误后方可操作
11	汽机专业	发电机充氢试验	发电机充氢前没做风压试验	爆炸	1	2	15	30	4	发电机充氢前按要求做风压试验
12	汽机专业	滤油	滤油机工作无人值班	人员伤害	3	6	6	108	3	滤油工作区域设置硬隔离防护，配备消防器材，专人值班监护
13	锅炉专业	锅炉设备运输设备二次倒运	起重机起吊运输使用三个动作	人员伤害、设备损坏	3	2	15	90	3	起重机起吊运输严禁使用三个动作
14	锅炉专业	设备安装	层间无安全设施	物体打击	6	2	7	84	3	锅炉层间按要求设置安全平网
15	锅炉专业	设备安装	危险区无安全警示	人员伤害	0.2	3	40	24	4	锅炉吊装、射线等危险区设置安全警示，并安排专人做好过程监护
16	锅炉专业	设备安装	孔洞无盖板	坠落	0.2	3	40	24	4	孔洞按要求设置盖板防护

表4-3（续）

序号	施工项目	作业活动	危害因素	可导致事故	风险评价				风险级别	主要控制措施
					L	E	C	D		
17	锅炉专业	水压试验	试压泵周围人员混乱	人员伤害	1	2	15	30	4	水压试验区域设置隔离防护和安全警示标志，防止无关人员进入
18	锅炉专业	水压试验	升压前没有进行全面检查	人员伤害	0.2	3	40	24	4	升压前按要求进行全面检查，确认符合要求后，方允许升压
19	锅炉专业	锅炉酸洗	酸洗液用的管道（临时）是有缝钢管	人员伤害	3	6	6	108	3	酸洗液用的管道（临时）符合方案要求
20	锅炉专业	锅炉酸洗	废酸液乱排放无统一规划	人员伤害	1	2	15	30	4	废酸液排放统一处理，符合地方政府环保要求
21	锅炉专业	筑炉和保温	用人工提吊保温材料，接料人没有防护	人员伤害	0.2	6	40	48	4	接料作业人员临边作业配备安全带，并正确使用
22	锅炉专业	筑炉和保温	灰桶、耐火砖放在脚手架通道上	人员伤害	0.2	3	40	24	4	脚手架通道上严禁堆放保温材料及工器具等
23	电气系统	发电机引下线及封闭母线	发电机引出线包绝缘不通风	人员伤害	6	3	7	126	3	发电机引出线包绝缘按要求通风
24	电气系统	发电机引下线及封闭母线	发电机引出线绝缘操作人员无防护用品	人员伤害	0.2	3	40	24	4	发电机引出线绝缘操作人员按要求正确佩戴个人防护用品

表4-3（续）

序号	施工项目	作业活动	危害因素	可导致事故	风险评价				风险级别	主要控制措施
					L	E	C	D		
25	电气系统	发电机引下线及封闭母线	封闭母线吊装指挥不统一	人员伤害	1	2	15	30	4	封闭母线吊装专人指挥，持证上岗，信号清晰明确
26	电气系统	变压器安装	变压器未经充分排氮进入内部	人员伤害	0.2	6	40	48	4	按要求办理受限空间作业票，变压器经充分排氮，并检查确认符合要求后，方允许人员进入内部
27	电气系统	盘柜设备安装	安装盘上设备时没人扶持	人员伤害	0.2	3	40	24	4	安装盘上设备时安排专人扶持，防止倾倒
28	电气系统	电缆敷设	电缆沟内的照明不是36 V	触电	1	3	15	45	4	电缆沟内的照明电压符合安全电压要求
29	电气系统	接地系统安装	铁镐伤人，大锤头脱落伤人	人员伤害	3	3	15	135	3	作业区域严禁站人，使用大锤作业不允许戴手套
30	电气系统	接地系统安装	接地带留甩头处伤人，接地钢筋留甩头处伤人	人员伤害	0.2	3	40	24	4	接地带留甩头、接地钢筋留甩头设置隔离防护措施和安全警示标志，防止无关人员靠近
31	电气系统	接地系统安装	交叉垂直作业无防护措施	人员伤害	1	3	15	45	4	交叉垂直作业采取隔离防护措施
32	电气系统	电气试验，调整及启动带电	通电试验过程中试验人员中途离开	人员伤害	1	3	15	45	4	通电试验过程中严禁试验人员中途离开

表 4－3（续）

序号	施工项目	作业活动	危害因素	可导致事故	风险评价				风险级别	主要控制措施
					L	*E*	*C*	*D*		
33	热控安装	取样装置及测温原件安装，管路敷设	在已充压的设备上开孔不办理工作票	人员伤害	3	2	15	90	3	已充压的设备上开孔必须按要求办理工作票，并严格落实相关安全措施
34	热控安装	取样装置及测温原件安装，管路敷设	使用大型电钻或板钻无防滑措施	人员伤害	0.2	3	40	24	4	使用大型电钻或板钻作业人员正确佩戴个人防护用品，采取有效的防滑措施
35	焊接作业	焊接作业	进行焊接切割热处理没有防火措施	人员伤害	1	3	15	45	4	焊接切割热处理办理动火作业票，采取有效防火措施
36	焊接作业	焊接作业	对盛装过油脂或可燃液体的容器，焊接或切割不采取措施	人员伤害	3	6	7	126	3	盛装过油脂或可燃液体的容器，焊接或切割采取有效处理措施
37	金属检验	射线探伤，金相分析，暗室工作，机械性能试验，光谱分析	射线探伤没配备射线测量仪	人员伤害	6	3	7	126	3	射线探伤配备射线测量仪，定期进行检测
38	金属检验	射线探伤，金相分析，暗室工作，机械性能试验，光谱分析	作业现场存在放射源	人员伤害	1	2	15	30	4	射源按要求存放在专用地点，采取封闭管理措施，挂安全警示牌

表4-3（续）

序号	施工项目	作业活动	危害因素	可导致事故	风险评价				风险级别	主要控制措施
					L	*E*	*C*	*D*		
39	……									
三、调试部分										
1	燃油系统	燃油调试	现场作业时遇高空落物	人员伤害	1	3	15	45	4	高空存放物品固定牢固，人员严禁在下方行走或穿行
2	燃油系统	燃油调试	高空作业时坠落	人员伤害	1	2	15	30	4	高空作业人员正确佩戴个人防护用品，并按要求使用
3	点火系统	点火调试	由于季节性冰冻危害，引起作业人员的滑跌	人员伤害	1	2	15	30	4	及时清理地面积雪、积冰，按要求采取防滑措施
4	热机设备	热机设备调试	试转现场作业时遇高空落物	人员伤害	0.2	6	40	48	4	高空存放物品固定牢固，人员严禁在下方行走或穿行
5	热工	热工调试	现场作业时遇高空落物	人员伤害	0.2	3	40	24	4	高空存放物品固定牢固，人员严禁在下方行走或穿行
6	热工	燃油调试	燃油泄漏遇明火燃烧	人员伤害、设备损坏	0.2	3	40	24	4	燃油调试区域严禁动火作业
7	热工	煤粉试投	煤粉泄漏沉积自燃	人员伤害、设备损坏	3	2	15	90	3	煤粉泄漏区域及时进行清扫
8	热工	CRT 上操作	调试人员未经运行人员许可进行实验	人员伤害、机组跳闸	1	2	15	30	4	调试作业严格按要求办理调试作业票
9	化学清洗	化学调试	现场作业时遇高空落物	人员伤害	0.2	3	40	24	4	高空存放物品固定牢固，人员严禁在下方行走或穿行

表4-3（续）

序号	施工项目	作业活动	危害因素	可导致事故	风险评价				风险级别	主要控制措施
					L	E	C	D		
10	化学清洗	化学清洗调试	现场作业时遇蒸汽泄漏或碰上无保温热源，如化学清洗加热蒸汽管、已加热的酸液管及碱液管、钝化液管	人员伤害	3	6	7	126	3	现场增加有效物理隔离和警示标志，非调试人员严禁进入作业现场
11	化学清洗	化学清洗液调试	未进行隔绝措施或阀门泄漏	设备损坏	1	3	15	45	4	按要求采取隔离、隔绝措施
12	蒸汽吹管	蒸汽吹管调试	现场作业时遇蒸汽泄漏或碰上无保温热源，拆换靶板时临冲门及旁路门未关死，管道有热源	人员伤害	3	6	7	126	3	严格按照吹管调试方案操作，并安排专人做好检查确认
13	蒸汽吹管	蒸汽吹管调试	由于冰冻季节性危害，引起作业人员的滑跌	人员伤害	1	3	15	45	4	及时清理积雪、积冰
14	现场调试	使用电器设备	由于接地或外壳绝缘不良，引起外壳带电，造成触电	触电	1	3	15	45	4	设备外壳按要求进行接地
15	现场调试	现场作业	高空作业时物品坠落	人员伤害	0.2	3	40	24	4	高空存放物品固定牢固，人员严禁在下方行走或穿行
16	……									
四、公　用　部　分										
1	施工用电	施工用电	施工用电不符合三级配电两级保护规范要求，各级电源箱配置不符合规范要求，电缆未按要求埋设或架空处理	触电或设备损坏	3	2	15	90	3	施工用电符合三级配电两级保护规范要求，电缆按要求埋设或架空处理，并经验收合格方允许投用

表4-3（续）

序号	施工项目	作业活动	危害因素	可导致事故	风险评价				风险级别	主要控制措施
					L	E	C	D		
2	施工用电	施工用电	施工用电中出现“一闸多机”、无漏电保护器、电源线老化破损未更换、带电体裸露等安全隐患未处理就组织施工	触电	3	3	15	135	3	施工用电符合“一机一闸一保护”，电源线老化破损及时更换
3	脚手架	脚手架搭拆	脚手架搭设人员无资质，架子工高处作业未采取安全防护措施	高处坠落	3	3	7	63	4	搭设人员持证上岗，高处作业采取安全防护措施
4	施工机械	门式起重机安装、拆除及负荷试验	支腿倒伏造成整机倾履	人员伤害、设备损坏	6	3	7	126	3	支腿采取有效固定措施
5	施工机械	门式起重机安装、拆除及负荷试验	整机脱离轨道造成机械伤害	人员伤害、设备损坏	1	3	15	45	4	安装及拆除作业前严格检查，发现问题及时处理
6	施工机械	塔式起重机安装、拆除及负荷试验	臂杆局部焊口开裂变形	人员伤害、设备损坏	1	2	15	30	4	安装前，对散件设备进行检查验收，不符合要求的及时整改处理

表4-3（续）

序号	施工项目	作业活动	危害因素	可导致事故	风险评价				风险级别	主要控制措施
					L	E	C	D		
7	施工机械	塔式起重机安装、拆除及负荷试验	高空坠落，整机倾履	人员伤害、设备损坏	1	2	15	30	4	高空作业个人防护用品配备齐全并正确使用，按作业指导书要求进行安装，经验收合格，取得检验合格证方允许使用。安装、拆除及负荷试验严格执行作业指导书要求，严禁违章作业、野蛮施工
8	施工消防	施工消防	易燃易爆物品未按要求存放，距离火源、热源过近，无专人管理	火灾、爆炸	1	3	15	45	4	按规范要求设专用库房存放，远离火源、热源，设专人管理
9	施工消防	施工消防	作业中未执行动火措施，未配备消防器材，未设监护人	火灾	1	6	15	90	3	按要求办理动火作业票，严格执行动火措施，配备消防器材，设监护人
10	施工消防	施工消防	未进行定期防火检查，检查不细致未及时发现危险隐患时，对火险隐患未及时处理整改	火灾	3	6	7	126	3	定期防火检查，检查发现危险隐患时，及时处理整改
11	施工消防	施工消防	施工人员在宿舍内使用液化气做饭，液化气瓶乱摆乱放	火灾、爆炸	1	3	15	45	4	宿舍内严禁使用液化气做饭
12	……									

说明：不限于清单中所列项目，仅为部分参考样例。

表4-4 火电工程项目重大风险控制措施参考清单

序号	作业项目名称	作业活动内容	可导致事故	控制措施				
				工程技术措施	管理措施	培训教育措施	防护措施	应急处置措施
一、土建专业								
1	主厂房（含汽机基础、集控楼）土方开挖、开挖支护工程、基坑降水	土方开挖及运输； 基坑支护； 基坑排水及降水	坍塌； 触电； 机械伤害； 物体打击	（1）采用围栏、警戒带设置作业隔离区域。 （2）作业区域定位放线，错开机械位置。 （3）挖掘机拉铲或反铲作业时，履带式挖掘机的履带距工作面边缘安全距离应大于1 m。 （4）机械启动前应确认周围无障碍物，行驶或作业前应先鸣声示警。 （5）履带式挖掘机上下坡的坡度不得超过20°。 （6）机械停车或在坡道上熄火时，应立即将车制动，刀片（铲刀）、铲斗等应同时落地。 （7）制定机械开挖作业文件。 （8）施工用电符合“三相五线制”要求，做到“一机一闸一保护”。 （9）车辆按照规定限速行驶，严禁超载。 （10）车辆车况良好，主要安全装置齐全灵敏、可靠	（1）制定主厂房（含汽机基础、集控楼）土方开挖、开挖支护工程、基坑降水施工方案并完成编制、审核、批准流程；需专家论证的，必须按要求履行论证审批手续。 （2）作业前进行安全技术交底并双方签字，留存记录。 （3）专职安全人员现场巡视检查，关键施工部位或工序，相关人员必须全程旁站到位。 （4）开展安全检查和安全设施验收。 （5）根据机械管理责任做好机械进场验收并标识。 （6）设置“当心坑洞”“当心坠落”等安全警示标志。 （7）作业过程全程设专人监护。 （8）开挖前，制定安全防护措施，并安排专人现场监护	（1）作业人员经过三级安全教育培训考试合格，办理入场门禁卡，方允许进场。 （2）电工、焊工、起重工等特殊工种经过专业培训，持证上岗，定期开展特殊工种安全再培训工作。 （3）开展班前会、每周安全活动，对施工人员进行培训教育	作业人员正确佩戴个人防护用品并按要求规范使用	（1）现场配备急救箱。 （2）出现人员伤害时，及时采取止血包扎等急救措施，拨打急救电话。 （3）成立应急管理组织机构，制定防坍塌、防触电、防高处坠落、防机械伤害等应急预案，备齐相关应急物资及装备，定期组织开展相关演练，根据需要能够及时启动应急预案

表4-4（续）

序号	作业项目名称	作业活动内容	可导致事故	控制措施				
				工程技术措施	管理措施	培训教育措施	防护措施	应急处置措施
2	锅炉基础土方开挖、开挖支护工程、基坑降水	土方开挖及运输； 基坑支护； 基坑排水及降水	坍塌； 触电； 机械伤害； 物体打击	（1）采用围栏、警戒带设置作业隔离区域。 （2）作业区域定位放线，错开机械位置。 （3）挖掘机拉铲或反铲作业时，履带式挖掘机的履带距工作面边缘安全距离应大于1 m。 （4）机械启动前应确认周围无障碍物，行驶或作业前应先鸣声示警。 （5）履带式挖掘机上下坡的坡度不得超过20°。 （6）机械停车或在坡道上熄火时，应立即将车制动，刀片（铲刀）、铲斗等应同时落地。 （7）制定机械开挖作业文件。 （8）施工用电符合“三相五线制”要求，做到“一机一闸一保护”。 （9）车辆按照规定限速行驶，严禁超载。 （10）车辆车况良好，主要安全装置齐全灵敏、可靠	（1）制定锅炉基础土方开挖、开挖支护工程、基坑降水施工方案并完成编制、审核、批准流程；需专家论证的，必须按要求履行论证审批手续。 （2）作业前进行安全技术交底并双方签字，留存记录。 （3）专职安全人员现场巡视检查，关键施工部位或工序，相关人员必须全程旁站到位。 （4）开展安全检查和安全设施验收。 （5）根据机械管理责任做好机械进场验收并标识。 （6）设置“当心坑洞”“当心坠落”等安全警示标志。 （7）作业过程全程设专人监护。 （8）开挖前，制定安全防护措施，并安排专人现场监护	（1）作业人员经过三级安全教育培训考试合格，办理入场门禁卡，方允许进场。 （2）电工、焊工、起重工等特殊工种经过专业培训，持证上岗，定期开展特殊工种安全再培训工作。 （3）开展班前会、每周安全活动，对施工人员进行培训教育	作业人员正确佩戴个人防护用品并按要求规范使用	（1）现场配备急救箱。 （2）出现人员伤害时，及时采取止血包扎等急救措施，拨打急救电话。 （3）成立应急管理组织机构，制定防坍塌、防触电、防高处坠落、防机械伤害等应急预案，备齐相关应急物资及装备，定期组织开展相关演练，根据需要能够及时启动应急预案

表4-4（续）

序号	作业项目名称	作业活动内容	可导致事故	控制措施				
				工程技术措施	管理措施	培训教育措施	防护措施	应急处置措施
3	循环水管道、土方开挖、开挖支护工程、基坑降水	土方开挖及运输； 基坑支护； 基坑排水及降水	坍塌； 触电； 机械伤害； 物体打击	（1）采用围栏、警戒带设置作业隔离区域。 （2）作业区域定位放线，错开机械位置。 （3）挖掘机拉铲或反铲作业时，履带式挖掘机的履带距工作面边缘安全距离应大于1 m。 （4）机械启动前应确认周围无障碍物，行驶或作业前应先鸣声示警。 （5）履带式挖掘机上下坡的坡度不得超过20°。 （6）机械停车或在坡道上熄火时，应立即将车制动，刀片（铲刀）、铲斗等应同时落地。 （7）制定机械开挖作业文件。 （8）施工用电符合“三相五线制”要求，做到“一机一闸一保护”。 （9）车辆按照规定限速行驶，严禁超载。 （10）车辆车况良好，主要安全装置齐全灵敏、可靠	（1）制定循环水管道、土方开挖、开挖支护工程、基坑降水施工方案并完成编制、审核、批准流程；需专家论证的，必须按要求履行论证审批手续。 （2）作业前进行安全技术交底并双方签字，留存记录。 （3）专职安全人员现场巡视检查，关键施工部位或工序，相关人员必须全程旁站到位。 （4）开展安全检查和安全设施验收。 （5）根据机械管理责任做好机械进场验收并标识。 （6）设置“当心坑洞”“当心坠落”等安全警示标志。 （7）作业过程全程设专人监护。 （8）开挖前，制定安全防护措施，并安排专人现场监护	（1）作业人员经过三级安全教育培训考试合格，办理入场门禁卡，方允许进场。 （2）电工、焊工、起重工等特殊工种经过专业培训，持证上岗，定期开展特殊工种安全再培训工作。 （3）开展班前会、每周安全活动，对施工人员进行培训教育	作业人员正确佩戴个人防护用品并按要求规范使用	（1）现场配备急救箱。 （2）出现人员伤害时，及时采取止血包扎等急救措施，拨打急救电话。 （3）成立应急管理组织机构，制定防坍塌、防触电、防高处坠落、防机械伤害等应急预案，备齐相关应急物资及装备，定期组织开展相关演练，根据需要能够及时启动应急预案

表4-4（续）

序号	作业项目名称	作业活动内容	可导致事故	控制措施				
				工程技术措施	管理措施	培训教育措施	防护措施	应急处置措施
4	循环水泵房土方开挖、开挖支护工程、基坑降水	土方开挖及运输； 基坑支护； 基坑排水及降水	坍塌； 触电； 机械伤害； 物体打击	（1）采用围栏、警戒带设置作业隔离区域。 （2）作业区域定位放线，错开机械位置。 （3）挖掘机拉铲或反铲作业时，履带式挖掘机的履带距工作面边缘安全距离应大于1 m。 （4）机械启动前应确认周围无障碍物，行驶或作业前应先鸣声示警。 （5）履带式挖掘机上下坡的坡度不得超过20°。 （6）机械停车或在坡道上熄火时，应立即将车制动，刀片（铲刀）、铲斗等应同时落地。 （7）制定机械开挖作业文件。 （8）施工用电符合“三相五线制”要求，做到“一机一闸一保护”。 （9）车辆按照规定限速行驶，严禁超载。 （10）车辆车况良好，主要安全装置齐全灵敏、可靠	（1）制定循环水泵房土方开挖、开挖支护工程、基坑降水施工方案并完成编制、审核、批准流程；需专家论证的，必须按要求履行论证审批手续。 （2）作业前进行安全技术交底并双方签字，留存记录。 （3）专职安全人员现场巡视检查，关键施工部位或工序，相关人员必须全程旁站到位。 （4）开展安全检查和安全设施验收。 （5）根据机械管理责任做好机械进场验收并标识。 （6）设置“当心坑洞”“当心坠落”等安全警示标志。 （7）作业过程全程设专人监护。 （8）开挖前，制定安全防护措施，并安排专人现场监护	（1）作业人员经过三级安全教育培训考试合格，办理入场门禁卡，方允许进场。 （2）电工、焊工、起重工等特殊工种经过专业培训，持证上岗，定期开展特殊工种安全再培训工作。 （3）开展班前会、每周安全活动，对施工人员进行培训教育	作业人员正确佩戴个人防护用品并按要求规范使用	（1）现场配备急救箱。 （2）出现人员伤害时，及时采取止血包扎等急救措施，拨打急救电话。 （3）成立应急管理组织机构，制定防坍塌、防触电、防高处坠落、防机械伤害等应急预案，备齐相关应急物资及装备，定期组织开展相关演练，根据需要能够及时启动应急预案

表4-4（续）

序号	作业项目名称	作业活动内容	可导致事故	控制措施				
				工程技术措施	管理措施	培训教育措施	防护措施	应急处置措施
5	翻车机室/卸煤沟、转运站/碎煤机室、圆形煤场、地下输煤廊道基础土方开挖、开挖支护工程、基坑降水	土方开挖及运输； 基坑支护； 基坑排水及降水	坍塌； 触电； 机械伤害； 物体打击	（1）采用围栏、警戒带设置作业隔离区域。 （2）作业区域定位放线，错开机械位置。 （3）挖掘机拉铲或反铲作业时，履带式挖掘机的履带距工作面边缘安全距离应大于1 m。 （4）机械启动前应确认周围无障碍物，行驶或作业前应先鸣声示警。 （5）履带式挖掘机上下坡的坡度不得超过20°。 （6）机械停车或在坡道上熄火时，应立即将车制动，刀片（铲刀）、铲斗等应同时落地。 （7）制定机械开挖作业文件。 （8）施工用电符合“三相五线制”要求，做到“一机一闸一保护”。 （9）车辆按照规定限速行驶，严禁超载。 （10）车辆车况良好，主要安全装置齐全灵敏、可靠	（1）制定翻车机室/卸煤沟、转运站/碎煤机室、圆形煤场、地下输煤廊道基础土方开挖、开挖支护工程、基坑降水施工方案并完成编制、审核、批准流程；需专家论证的，必须按要求履行论证审批手续。 （2）作业前进行安全技术交底并双方签字，留存记录。 （3）专职安全人员现场巡视检查，关键施工部位或工序，相关人员必须全程旁站到位。 （4）开展安全检查和安全设施验收。 （5）根据机械管理责任做好机械进场验收并标识。 （6）设置“当心坑洞”“当心坠落”等安全警示标志。 （7）作业过程全程设专人监护。 （8）开挖前，制定安全防护措施，并安排专人现场监护	（1）作业人员经过三级安全教育培训考试合格，办理入场门禁卡，方允许进场。 （2）电工、焊工、起重工等特殊工种经过专业培训，持证上岗，定期开展特殊工种安全再培训工作。 （3）开展班前会、每周安全活动，对施工人员进行培训教育	作业人员正确佩戴个人防护用品并按要求规范使用	（1）现场配备急救箱。 （2）出现人员伤害时，及时采取止血包扎等急救措施，拨打急救电话。 （3）成立应急管理组织机构，制定防坍塌、防触电、防高处坠落、防机械伤害等应急预案，备齐相关应急物资及装备，定期组织开展相关演练，根据需要能够及时启动应急预案

表4-4（续）

序号	作业项目名称	作业活动内容	可导致事故	控制措施				
				工程技术措施	管理措施	培训教育措施	防护措施	应急处置措施
6	其他开挖深度超过5 m(含5 m)的基坑(槽)的土方开挖、支护、降水工程	土方开挖及运输； 基坑支护； 基坑排水及降水	坍塌； 触电； 机械伤害； 物体打击	（1）采用围栏、警戒带设置作业隔离区域。 （2）作业区域定位放线，错开机械位置。 （3）挖掘机拉铲或反铲作业时，履带式挖掘机的履带距工作面边缘安全距离应大于1 m。 （4）机械启动前应确认周围无障碍物，行驶或作业前应先鸣声示警。 （5）履带式挖掘机上下坡的坡度不得超过20°。 （6）机械停车或在坡道上熄火时，应立即将车制动，刀片（铲刀）、铲斗等应同时落地。 （7）制定机械开挖作业文件。 （8）施工用电符合“三相五线制”要求，做到“一机一闸一保护”。 （9）车辆按照规定限速行驶，严禁超载。 （10）车辆车况良好，主要安全装置齐全灵敏、可靠	（1）制定开挖深度超过5 m（含5 m）的基坑（槽）的土方开挖、支护、降水工程施工方案并完成编制、审核、批准流程；需专家论证的，必须按要求履行论证审批手续。 （2）作业前进行安全技术交底并双方签字，留存记录。 （3）专职安全人员现场巡视检查，关键施工部位或工序，相关人员必须全程旁站到位。 （4）开展安全检查和安全设施验收。 （5）根据机械管理责任做好机械进场验收并标识。 （6）设置“当心坑洞”“当心坠落”等安全警示标志。 （7）作业过程全程设专人监护。 （8）开挖前，制定安全防护措施，并安排专人现场监护	（1）作业人员经过三级安全教育培训考试合格，办理入场门禁卡，方允许进场。 （2）电工、焊工、起重工等特殊工种经过专业培训，持证上岗，定期开展特殊工种安全再培训工作。 （3）开展班前会、每周安全活动，对施工人员进行培训教育	作业人员正确佩戴个人防护用品并按要求规范使用	（1）现场配备急救箱。 （2）出现人员伤害时，及时采取止血包扎等急救措施，拨打急救电话。 （3）成立应急管理组织机构，制定防坍塌、防触电、防高处坠落、防机械伤害等应急预案，备齐相关应急物资及装备，定期组织开展相关演练，根据需要能够及时启动应急预案

表4-4（续）

序号	作业项目名称	作业活动内容	可导致事故	控制措施				
				工程技术措施	管理措施	培训教育措施	防护措施	应急处置措施
7	烟囱基础开挖、开挖支护工程、基坑降水	土方开挖及运输； 基坑支护； 基坑排水及降水	坍塌； 触电； 机械伤害； 物体打击	（1）采用围栏、警戒带设置作业隔离区域。 （2）作业区域定位放线，错开机械位置。 （3）挖掘机拉铲或反铲作业时，履带式挖掘机的履带距工作面边缘安全距离应大于1 m。 （4）机械启动前应确认周围无障碍物，行驶或作业前应先鸣声示警。 （5）履带式挖掘机上下坡的坡度不得超过20°。 （6）机械停车或在坡道上熄火时，应立即将车制动，刀片（铲刀）、铲斗等应同时落地。 （7）制定机械开挖作业文件。 （8）施工用电符合“三相五线制”要求，做到“一机一闸一保护”。 （9）车辆按照规定限速行驶，严禁超载。 （10）车辆车况良好，主要安全装置齐全灵敏、可靠	（1）制定烟囱基础开挖、开挖支护工程、基坑降水施工方案并完成编制、审核、批准流程；需专家论证的，必须按要求履行论证审批手续。 （2）作业前进行安全技术交底并双方签字，留存记录。 （3）专职安全人员现场巡视检查，关键施工部位或工序，相关人员必须全程旁站到位。 （4）开展安全检查和安全设施验收。 （5）根据机械管理责任做好机械进场验收并标识。 （6）设置“当心坑洞”“当心坠落”等安全警示标志。 （7）作业过程全程设专人监护。 （8）开挖前，制定安全防护措施，并安排专人现场监护	（1）作业人员经过三级安全教育培训考试合格，办理入场门禁卡，方允许进场。 （2）电工、焊工、起重工等特殊工种经过专业培训，持证上岗，定期开展特殊工种安全再培训工作。 （3）开展班前会、每周安全活动，对施工人员进行培训教育	作业人员正确佩戴个人防护用品并按要求规范使用	（1）现场配备急救箱。 （2）出现人员伤害时，及时采取止血包扎等急救措施，拨打急救电话。 （3）成立应急管理组织机构，制定防坍塌、防触电、防高处坠落、防机械伤害等应急预案，备齐相关应急物资及装备，定期组织开展相关演练，根据需要能够及时启动应急预案

表4-4（续）

序号	作业项目名称	作业活动内容	可导致事故	控制措施：工程技术措施	控制措施：管理措施	控制措施：培训教育措施	控制措施：防护措施	控制措施：应急处置措施
8	灰库土方开挖、开挖支护工程、基坑降水	土方开挖及运输； 基坑支护； 基坑排水及降水	坍塌； 触电； 机械伤害； 物体打击	（1）采用围栏、警戒带设置作业隔离区域。 （2）作业区域定位放线，错开机械位置。 （3）挖掘机拉铲或反铲作业时，履带式挖掘机的履带距工作面边缘安全距离应大于1 m。 （4）机械启动前应确认周围无障碍物，行驶或作业前应先鸣声示警。 （5）履带式挖掘机上下坡的坡度不得超过20°。 （6）机械停车或在坡道上熄火时，应立即将车制动，刀片（铲刀）、铲斗等应同时落地。 （7）制定机械开挖作业文件。 （8）施工用电符合“三相五线制”要求，做到“一机一闸一保护”。 （9）车辆按照规定限速行驶，严禁超载。 （10）车辆车况良好，主要安全装置齐全灵敏、可靠	（1）制定灰库土方开挖、开挖支护工程、基坑降水施工方案并完成编制、审核、批准流程；需专家论证的，必须按要求履行论证审批手续。 （2）作业前进行安全技术交底并双方签字，留存记录。 （3）专职安全人员现场巡视检查，关键施工部位或工序，相关人员必须全程旁站到位。 （4）开展安全检查和安全设施验收。 （5）根据机械管理责任做好机械进场验收并标识。 （6）设置“当心坑洞”“当心坠落”等安全警示标志。 （7）作业过程全程设专人监护。 （8）开挖前，制定安全防护措施，并安排专人现场监护	（1）作业人员经过三级安全教育培训考试合格，办理入场门禁卡，方允许进场。 （2）电工、焊工、起重工等特殊工种经过专业培训，持证上岗，定期开展特殊工种安全再培训工作。 （3）开展班前会、每周安全活动，对施工人员进行培训教育	作业人员正确佩戴个人防护用品并按要求规范使用	（1）现场配备急救箱。 （2）出现人员伤害时，及时采取止血包扎等急救措施，拨打急救电话。 （3）成立应急管理组织机构，制定防坍塌、防触电、防高处坠落、防机械伤害等应急预案，备齐相关应急物资及装备，定期组织开展相关演练，根据需要能够及时启动应急预案

表4-4（续）

序号	作业项目名称	作业活动内容	可导致事故	控制措施				
				工程技术措施	管理措施	培训教育措施	防护措施	应急处置措施
9	冷却塔/间冷塔土方开挖、开挖支护工程、基坑降水	土方开挖及运输； 基坑支护； 基坑排水及降水	坍塌； 触电； 机械伤害； 物体打击	（1）采用围栏、警戒带设置作业隔离区域。 （2）作业区域定位放线，错开机械位置。 （3）挖掘机拉铲或反铲作业时，履带式挖掘机的履带距工作面边缘安全距离应大于1 m。 （4）机械启动前应确认周围无障碍物，行驶或作业前应先鸣声示警。 （5）履带式挖掘机上下坡的坡度不得超过20°。 （6）机械停车或在坡道上熄火时，应立即将车制动，刀片（铲刀）、铲斗等应同时落地。 （7）制定机械开挖作业文件。 （8）施工用电符合“三相五线制”要求，做到“一机一闸一保护”。 （9）车辆按照规定限速行驶，严禁超载。 （10）车辆车况良好，主要安全装置齐全灵敏、可靠	（1）制定冷却塔/间冷塔土方开挖、开挖支护工程、基坑降水施工方案并经过评审，完成审批；需专家论证的，必须按要求履行论证审批手续。 （2）作业前进行安全技术交底并双方签字，留存记录。 （3）专职安全人员现场巡视检查，关键施工部位或工序，相关人员必须全程旁站到位。 （4）开展安全检查和安全设施验收。 （5）根据机械管理责任做好机械进场验收并标识。 （6）设置“当心坑洞”“当心坠落”等安全警示标志。 （7）作业过程全程设专人监护。 （8）开挖前，制定安全防护措施，并安排专人现场监护	（1）作业人员经过三级安全教育培训考试合格，办理人场门禁卡，方允许进场。 （2）电工、焊工、起重工等特殊工种经过专业培训，持证上岗，定期开展特殊工种安全再培训工作	作业人员正确佩戴个人防护用品并按要求规范使用	成立应急管理组织机构，制定防坍塌、防触电、防高处坠落、防机械伤害等应急预案，备齐相关应急物资及装备，定期组织开展相关演练，根据需要能够及时启动应急预案

表4-4（续）

序号	作业项目名称	作业活动内容	可导致事故	控制措施				
				工程技术措施	管理措施	培训教育措施	防护措施	应急处置措施
10	其他开挖深度虽未超过5 m但地质条件和周围环境复杂的基坑(槽)支护、降水工程	土方开挖及运输； 基坑支护； 基坑排水及降水	坍塌； 触电； 机械伤害； 物体打击	（1）采用围栏、警戒带设置作业隔离区域。 （2）作业区域定位放线，错开机械位置。 （3）挖掘机拉铲或反铲作业时，履带式挖掘机的履带距工作面边缘安全距离应大于1 m。 （4）机械启动前应确认周围无障碍物，行驶或作业前应先鸣声示警。 （5）履带式挖掘机上下坡的坡度不得超过20°。 （6）机械停车或在坡道上熄火时，应立即将车制动，刀片（铲刀）、铲斗等应同时落地。 （7）制定机械开挖作业文件。 （8）施工用电符合“三相五线制”要求，做到“一机一闸一保护”。 （9）车辆按照规定限速行驶，严禁超载。 （10）车辆车况良好，主要安全装置齐全灵敏、可靠	（1）制定开挖支护工程、基坑降水施工方案并完成编制、审核、批准流程；需专家论证的，必须按要求履行论证审批手续。 （2）作业前进行安全技术交底并双方签字，留存记录。 （3）专职安全人员现场巡视检查，关键施工部位或工序，相关人员必须全程旁站到位。 （4）开展安全检查和安全设施验收。 （5）根据机械管理责任做好机械进场验收并标识。 （6）设置“当心坑洞”“当心坠落”等安全警示标志。 （7）作业过程全程设专人监护。 （8）开挖前，制定安全防护措施，并安排专人现场监护	（1）作业人员经过三级安全教育培训考试合格，办理入场门禁卡，方允许进场。 （2）电工、焊工、起重工等特殊工种经过专业培训，持证上岗，定期开展特殊工种安全再培训工作。 （3）开展班前会、每周安全活动，对施工人员进行培训教育	作业人员正确佩戴个人防护用品并按要求规范使用	（1）现场配备急救箱。 （2）出现人员伤害时，及时采取止血包扎等急救措施，拨打急救电话。 （3）成立应急管理组织机构，制定防坍塌、防触电、防高处坠落、防机械伤害等应急预案，备齐相关应急物资及装备，定期组织开展相关演练，根据需要能够及时启动应急预案

表 4-4（续）

序号	作业项目名称	作业活动内容	可导致事故	控制措施				
				工程技术措施	管理措施	培训教育措施	防护措施	应急处置措施
11	钢筋混凝土烟囱筒壁工具式模板工程(包括施工平台)	安拆施工平台； 翻模施工； 涂刷航标漆	触电； 机械伤害； 物体打击	（1）制定安装、拆除方案，并按照方案执行。 （2）对作业区域进行30 m警戒隔离，设置警示牌。 （3）中心鼓圈脚手架及吊装设备需经过荷载计算，按方案执行并验收合格后使用。 （4）严格遵守施工用电管理办法。 （5）装置拆除时，组织检查装置待拆除构件的临时加固措施。 （6）拆除的构件要有临时固定措施，不得抛掷； （7）雨雪天或最大风速超过说明书要求不得施工。 （8）采取固定的爬梯，方便工人上下。 （9）增加施工对拉螺栓，提高模板的稳固性，设置模板拆除隔离警戒区。 （10）模板拆除后采用绳索吊下，放置在指定位置。	（1）制定烟囱施工平台安拆及筒壁施工专项方案并完成编制、审核、批准流程；需专家论证的，必须按要求履行论证审批手续。 （2）作业前进行安全技术交底并双方签字，留存记录。 （3）作业过程专职安全人员、施工负责人等现场巡视检查，关键施工部位或工序，相关人员必须全程旁站到位。 （4）六级以上大风、雷雨、大雾等恶劣天气停止运行	（1）作业人员经过三级安全教育培训考试合格，办理入场门禁卡，方允许进场。 （2）电工、焊工、起重工等特殊工种经过专业培训，持证上岗，定期开展特殊工种安全再培训工作。 （3）开展班前会、每周安全活动，对施工人员进行培训教育	作业人员正确佩戴个人防护用品并按要求规范使用	（1）现场配备急救箱。 （2）出现人员伤害时，及时采取止血包扎等急救措施，拨打急救电话。 （3）成立应急管理组织机构，制定防坍塌、防触电、防高处坠落、防机械伤害等应急预案，备齐相关应急物资及装备，定期组织开展相关演练，根据需要能够及时启动应急预案

表4-4（续）

序号	作业项目名称	作业活动内容	可导致事故	控制措施				
				工程技术措施	管理措施	培训教育措施	防护措施	应急处置措施
11	钢筋混凝土烟囱筒壁工具式模板工程(包括施工平台)			（11）模板拆除采取后支的先拆，先支的后拆；先拆除非承重部分，后拆除承重部分。 （12）模板拆除时进行拆模试块强度检测，符合拆模强度后再进行拆除				
12	灰库工具式模板工程	模板支设；混凝土浇筑；模板拆除	物体打击；坍塌；高处坠落；火灾	（1）采取固定的爬梯，方便工人上下。 （2）增加施工对拉螺栓，提高模板的稳固性，设置模板拆除隔离警戒区。 （3）模板拆除后采用绳索吊下，放置在指定位置。 （4）模板拆除采取后支的先拆，先支的后拆；先拆除非承重部分，后拆除承重部分。 （5）模板拆除时进行拆模试块强度检测，符合拆模强度后再进行拆除	（1）编制筒壁施工专项方案。 （2）施工过程检查模板支撑体系的稳固性。 （3）模板验收过程中要核对是否按照方案要求进行的模板加固。 （4）模板验收时要对模板支撑检查到位，严禁出现漏检部位。 （5）执行模板拆除施工方案。 （6）施工过程专人进行监护。 （7）检查混凝土强度是否达到拆模强度要求。 （8）设置30 m安全施工警戒隔离区	（1）对人员开展岗前教育培训。 （2）做好安全技术交底。 （3）利用班前会对施工人员进行教育培训	作业人员要戴安全帽、挂好安全带、穿防滑鞋等，正确佩戴防护用品	（1）现场配备急救箱。 （2）出现人员伤害时，及时采取止血包扎等急救措施，拨打急救电话

表 4-4（续）

序号	作业项目名称	作业活动内容	可导致事故	控制措施				
				工程技术措施	管理措施	培训教育措施	防护措施	应急处置措施
13	圆形煤场筒壁工具式模板工程	模板支设；混凝土浇筑；模板拆除	物体打击；坍塌；高处坠落；火灾	（1）采取固定的爬梯，方便工人上下。 （2）增加施工对拉螺栓，提高模板的稳固性，设置模板拆除隔离警戒区。 （3）模板拆除后采用绳索吊下，放置在指定位置。 （4）模板拆除采取后支的先拆，先支的后拆；先拆除非承重部分，后拆除承重部分。 （5）模板拆除时进行拆模试块强度检测，符合拆模强度后再进行拆除	（1）编制筒壁施工专项方案。 （2）施工过程检查模板支撑体系的稳固性。 （3）模板验收过程中要核对是否按照方案要求进行的模板加固。 （4）模板验收时要对模板支撑检查到位，严禁出现漏检部位。 （5）执行模板拆除施工方案。 （6）施工过程专人进行监护。 （7）检查混凝土强度是否达到拆模强度要求。 （8）设置 30 m 安全施工警戒隔离区	（1）对人员开展岗前教育培训。 （2）做好安全技术交底。 （3）利用班前会对施工人员进行教育培训	作业人员要戴安全帽、挂好安全带、穿防滑鞋等，正确佩戴防护用品	（1）现场配备急救箱。 （2）出现人员伤害时，及时采取止血包扎等急救措施，拨打急救电话

表4-4（续）

序号	作业项目名称	作业活动内容	可导致事故	控制措施				
				工程技术措施	管理措施	培训教育措施	防护措施	应急处置措施
14	冷却塔筒壁模板工程	模板支设；混凝土浇筑；模板拆除	物体打击；坍塌；高处坠落；火灾	（1）采取固定的爬梯，方便工人上下。 （2）增加施工对拉螺栓，提高模板的稳固性，设置模板拆除隔离警戒区。 （3）模板拆除后采用绳索吊下，放置在指定位置。 （4）模板拆除采取后支的先拆，先支的后拆；先拆除非承重部分，后拆除承重部分。 （5）模板拆除时进行拆模试块强度检测，符合拆模强度后再进行拆除	（1）编制筒壁施工专项方案。 （2）施工过程检查模板支撑体系的稳固性。 （3）模板验收过程中要核对是否按照方案要求进行的模板加固。 （4）模板验收时要对模板支撑检查到位，严禁出现漏检部位。 （5）执行模板拆除施工方案。 （6）施工过程专人进行监护。 （7）检查混凝土强度是否达到拆模强度要求。 （8）设置30 m安全施工警戒隔离区	（1）对人员开展岗前教育培训。 （2）做好安全技术交底。 （3）利用班前会对施工人员进行教育培训	作业人员要戴安全帽、挂好安全带、穿防滑鞋等，正确佩戴防护用品	（1）现场配备急救箱。 （2）出现人员伤害时，及时采取止血包扎等急救措施，拨打急救电话

表 4-4（续）

序号	作业项目名称	作业活动内容	可导致事故	控制措施				
				工程技术措施	管理措施	培训教育措施	防护措施	应急处置措施
15	其他采用工具式模板工程（滑模、爬模、飞模等）	模板支设；混凝土浇筑；模板拆除	物体打击；坍塌；高处坠落；火灾	（1）采取固定的爬梯，方便工人上下。 （2）增加施工对拉螺栓，提高模板的稳固性，设置模板拆除隔离警戒区。 （3）模板拆除后采用绳索吊下，放置在指定位置。 （4）模板拆除采取后支的先拆，先支的后拆；先拆除非承重部分，后拆除承重部分。 （5）模板拆除时进行拆模试块强度检测，符合拆模强度后再进行拆除	（1）编制筒壁施工专项方案。 （2）施工过程检查模板支撑体系的稳固性。 （3）模板验收过程中要核对是否按照方案要求进行的模板加固。 （4）模板验收时要对模板支撑检查到位，严禁出现漏检部位。 （5）执行模板拆除施工方案。 （6）施工过程专人进行监护。 （7）检查混凝土强度是否达到拆模强度要求。 （8）设置 30 m 安全施工警戒隔离区	（1）对人员开展岗前教育培训。 （2）做好安全技术交底。 （3）利用班前会对施工人员进行教育培训	作业人员要戴安全帽、挂好安全带、穿防滑鞋等，正确佩戴防护用品	（1）现场配备急救箱。 （2）出现人员伤害时，及时采取止血包扎等急救措施，拨打急救电话

表4-4（续）

序号	作业项目名称	作业活动内容	可导致事故	控制措施				
				工程技术措施	管理措施	培训教育措施	防护措施	应急处置措施
16	汽机基础模板工程及支撑体系	基础模板；钢筋安装；混凝土施工；脚手架及模板拆除	触电；机械伤害；物体打击；高处坠落	（1）把好脚手架材料进场关，不符合规范要求不允许进场。 （2）涉及高空作业的人员必须佩戴双钩安全带并正确使用。 （3）倒运材料使用的起重机械状况良好，安全装置齐全有效。 （4）严禁垂直交叉施工作业，特殊情况，必须采取有效的隔离警示措施，并设监护人。模板支撑体系施工必须严格按照既定施工方案实施，并按照规范要求分层组织验收。 （5）施工电源布置符合“三相五线制”要求，主要工器具及机械设备安全装置齐全、可靠	（1）制定汽机基础模板工程及支撑体系施工方案；需经过专家论证的，必须按要求履行论证审批手续。 （2）作业前进行安全技术交底并双方签字，留存记录。 （3）作业过程专职安全人员、施工负责人等现场巡视检查，模板支撑搭设及混凝土浇筑、大件吊运等关键施工部位或工序，作业相关人员必须全程旁站到位，并填写旁站记录。 （4）模板支撑体系施工完毕，必须按照规定要求，分层组织验收，合格后方允许进行下一道工序。 （5）六级以上大风、雷雨、大雾等恶劣天气严禁吊装作业	（1）作业人员经过三级安全教育培训考试合格，办理入场门禁卡，方允许进场。 （2）架子工、电工、焊工、起重工等特殊工种经过专业培训，持证上岗，定期开展特殊工种安全再培训工作。 （3）开展班前会、每周安全活动，对施工人员进行培训教育	作业人员正确佩戴个人防护用品并按要求规范使用	（1）现场配备急救箱。 （2）出现人员伤害时，及时采取止血包扎等急救措施，拨打急救电话。 （3）成立应急管理组织机构，制定防坍塌、防触电、防高处坠落、防机械伤害等应急预案，备齐相关应急物资及装备，定期组织开展相关演练，根据需要能够及时启动应急预案

表4-4（续）

序号	作业项目名称	作业活动内容	可导致事故	控制措施				
				工程技术措施	管理措施	培训教育措施	防护措施	应急处置措施
17	主厂房上部混凝土结构(包括侧煤仓)模板工程及支撑体系	基础模板；钢筋安装；混凝土施工；脚手架及模板拆除	触电；机械伤害；物体打击；高处坠落	（1）把好脚手架材料进场关，不符合规范要求不允许进场。 （2）涉及高空作业的人员必须佩戴双钩安全带并正确使用。 （3）倒运材料使用的起重机械状况良好，安全装置齐全有效。 （4）严禁垂直交叉施工作业，特殊情况，必须采取有效的隔离警示措施，并设监护人。模板支撑体系施工必须严格按照既定施工方案实施，并按照规范要求分层组织验收。 （5）施工电源布置符合“三相五线制”要求，主要工器具及机械设备安全装置齐全、可靠	（1）制定主厂房上部混凝土结构（包括侧煤仓）模板工程及支撑体系施工方案；需经过专家论证的，必须按要求履行论证审批手续。 （2）作业前进行安全技术交底并双方签字，留存记录。 （3）作业过程专职安全人员、施工负责人等现场巡视检查，模板支撑搭设及混凝土浇筑、大件吊运等关键施工部位或工序，作业相关人员必须全程旁站到位，并填写旁站记录。 （4）模板支撑体系施工完毕，必须按照规定要求，分层组织验收，合格后方允许进行下一道工序。 （5）六级以上大风、雷雨、大雾等恶劣天气严禁吊装作业	（1）作业人员经过三级安全教育培训考试合格，办理入场门禁卡，方允许进场。 （2）架子工、电工、焊工、起重工等特殊工种经过专业培训，持证上岗，定期开展特殊工种安全再培训工作。 （3）开展班前会、每周安全活动，对施工人员进行培训教育	作业人员正确佩戴个人防护用品并按要求规范使用	（1）现场配备急救箱。 （2）出现人员伤害时，及时采取止血包扎等急救措施，拨打急救电话。 （3）成立应急管理组织机构，制定防坍塌、防触电、防高处坠落、防机械伤害等应急预案，备齐相关应急物资及装备，定期组织开展相关演练，根据需要能够及时启动应急预案

表4-4（续）

序号	作业项目名称	作业活动内容	可导致事故	控制措施				
				工程技术措施	管理措施	培训教育措施	防护措施	应急处置措施
18	汽动给水泵基础模板工程及支撑体系	基础模板；钢筋安装；混凝土施工；脚手架及模板拆除	触电；机械伤害；物体打击；高处坠落	（1）把好脚手架材料进场关，不符合规范要求不允许进场。 （2）涉及高空作业的人员必须佩戴双钩安全带并正确使用。 （3）倒运材料使用的起重机械状况良好，安全装置齐全有效。 （4）严禁垂直交叉施工作业，特殊情况，必须采取有效的隔离警示措施，并设监护人。模板支撑体系施工必须严格按照既定施工方案实施，并按照规范要求分层组织验收。 （5）施工电源布置符合“三相五线制”要求，主要工器具及机械设备安全装置齐全、可靠	（1）制定汽动给水泵基础模板工程及支撑体系施工方案；需经过专家论证的，必须按要求履行论证审批手续。 （2）作业前进行安全技术交底并双方签字，留存记录。 （3）作业过程专职安全人员、施工负责人等现场巡视检查，模板支撑搭设及混凝土浇筑、大件吊运等关键施工部位或工序，作业相关人员必须全程旁站到位，并填写旁站记录。 （4）模板支撑体系施工完毕，必须按照规定要求，分层组织验收，合格后方允许进行下一道工序。 （5）六级以上大风、雷雨、大雾等恶劣天气严禁吊装作业	（1）作业人员经过三级安全教育培训考试合格，办理人场门禁卡，方允许进场。 （2）架子工、电工、焊工、起重工等特殊工种经过专业培训，持证上岗，定期开展特殊工种安全再培训工作。 （3）开展班前会、每周安全活动，对施工人员进行培训教育	作业人员正确佩戴个人防护用品并按要求规范使用	（1）现场配备急救箱。 （2）出现人员伤害时，及时采取止血包扎等急救措施，拨打急救电话。 （3）成立应急管理组织机构，制定防坍塌、防触电、防高处坠落、防机械伤害等应急预案，备齐相关应急物资及装备，定期组织开展相关演练，根据需要能够及时启动应急预案

表4-4（续）

序号	作业项目名称	作业活动内容	可导致事故	控制措施				
				工程技术措施	管理措施	培训教育措施	防护措施	应急处置措施
19	引风机室/引风机支架框架模板工程及支撑体系	基础模板；钢筋安装；混凝土施工；脚手架及模板拆除	触电；机械伤害；物体打击；高处坠落	（1）把好脚手架材料进场关，不符合规范要求不允许进场。 （2）涉及高空作业的人员必须佩戴双钩安全带并正确使用。 （3）倒运材料使用的起重机械状况良好，安全装置齐全有效。 （4）严禁垂直交叉施工作业，特殊情况，必须采取有效的隔离警示措施，并设监护人。模板支撑体系施工必须严格按照既定施工方案实施，并按照规范要求分层组织验收。 （5）施工电源布置符合“三相五线制”要求，主要工器具及机械设备安全装置齐全、可靠	（1）制定引风机室/引风机支架框架模板工程及支撑体系施工平台安拆专项方案，经过专家论证的，必须按要求履行论证审批手续。 （2）作业前进行安全技术交底并双方签字，留存记录。 （3）作业过程专职安全人员、施工负责人等现场巡视检查，模板支撑搭设及混凝土浇筑、大件吊运等关键施工部位或工序，作业相关人员必须全程旁站到位，并填写旁站记录。 （4）模板支撑体系施工完毕，必须按照规定要求，分层组织验收，合格后方允许进行下一道工序。 （5）六级以上大风、雷雨、大雾等恶劣天气严禁吊装作业	（1）作业人员经过三级安全教育培训考试合格，办理入场门禁卡，方允许进场。 （2）架子工、电工、焊工、起重工等特殊工种经过专业培训，持证上岗，定期开展特殊工种安全再培训工作。 （3）开展班前会、每周安全活动，对施工人员进行培训教育	作业人员正确佩戴个人防护用品并按要求规范使用	（1）现场配备急救箱。 （2）出现人员伤害时，及时采取止血包扎等急救措施，拨打急救电话。 （3）成立应急管理组织机构，制定防坍塌、防触电、防高处坠落、防机械伤害等应急预案，备齐相关应急物资及装备，定期组织开展相关演练，根据需要能够及时启动应急预案

表4-4（续）

序号	作业项目名称	作业活动内容	可导致事故	控制措施				
				工程技术措施	管理措施	培训教育措施	防护措施	应急处置措施
20	烟道（含脱硫烟道）支架结构模板工程及支撑体系	基础模板； 钢筋安装； 混凝土施工； 脚手架及模板拆除	触电； 机械伤害； 物体打击； 高处坠落	（1）把好脚手架材料进场关，不符合规范要求不允许进场。 （2）涉及高空作业的人员必须佩戴双钩安全带并正确使用。 （3）倒运材料使用的起重机械状况良好，安全装置齐全有效。 （4）严禁垂直交叉施工作业，特殊情况，必须采取有效的隔离警示措施，并设监护人。模板支撑体系施工必须严格按照既定施工方案实施，并按照规范要求分层组织验收。 （5）施工电源布置符合“三相五线制”要求，主要工器具及机械设备安全装置齐全、可靠	（1）制定烟道（含脱硫烟道）支架结构模板工程及支撑体系施工方案；需经过专家论证的，必须按要求履行论证审批手续。 （2）作业前进行安全技术交底并双方签字，留存记录。 （3）作业过程专职安全人员、施工负责人等现场巡视检查，模板支撑搭设及混凝土浇筑、大件吊运等关键施工部位或工序，作业相关人员必须全程旁站到位，并填写旁站记录。 （4）模板支撑体系施工完毕，必须按照规定要求，分层组织验收，合格后方允许进行下一道工序。 （5）六级以上大风、雷雨、大雾等恶劣天气严禁吊装作业	（1）作业人员经过三级安全教育培训考试合格，办理入场门禁卡，方允许进场。 （2）架子工、电工、焊工、起重工等特殊工种经过专业培训，持证上岗，定期开展特殊工种安全再培训工作。 （3）开展班前会、每周安全活动，对施工人员进行培训教育	作业人员正确佩戴个人防护用品并按要求规范使用	（1）现场配备急救箱。 （2）出现人员伤害时，及时采取止血包扎等急救措施，拨打急救电话。 （3）成立应急管理组织机构，制定防坍塌、防触电、防高处坠落、防机械伤害等应急预案，备齐相关应急物资及装备，定期组织开展相关演练，根据需要能够及时启动应急预案

表4-4（续）

序号	作业项目名称	作业活动内容	可导致事故	控制措施				
				工程技术措施	管理措施	培训教育措施	防护措施	应急处置措施
21	烟囱灰斗平台模板工程及支撑体系	基础模板；钢筋安装；混凝土施工； 脚手架及模板拆除	触电；机械伤害；物体打击；高处坠落	（1）把好脚手架材料进场关，不符合规范要求不允许进场。 （2）涉及高空作业的人员必须佩戴双钩安全带并正确使用。 （3）倒运材料使用的起重机械状况良好，安全装置齐全有效。 （4）严禁垂直交叉施工作业，特殊情况，必须采取有效的隔离警示措施，并设监护人。模板支撑体系施工必须严格按照既定施工方案实施，并按照规范要求分层组织验收。 （5）施工电源布置符合“三相五线制”要求，主要工器具及机械设备安全装置齐全、可靠	（1）制定烟囱灰斗平台模板工程及支撑体系施工方案；需经过专家论证的，必须按要求履行论证审批手续。 （2）作业前进行安全技术交底并双方签字，留存记录。 （3）作业过程专职安全人员、施工负责人等现场巡视检查，模板支撑搭设及混凝土浇筑、大件吊运等关键施工部位或工序，作业相关人员必须全程旁站到位，并填写旁站记录。 （4）模板支撑体系施工完毕，必须按照规定要求，分层组织验收，合格后方允许进行下一道工序。 （5）六级以上大风、雷雨、大雾等恶劣天气严禁吊装作业	（1）作业人员经过三级安全教育培训考试合格，办理入场门禁卡，方允许进场。 （2）架子工、电工、焊工、起重工等特殊工种经过专业培训，持证上岗，定期开展特殊工种安全再培训工作。 （3）开展班前会、每周安全活动，对施工人员进行培训教育	作业人员正确佩戴个人防护用品并按要求规范使用	（1）现场配备急救箱。 （2）出现人员伤害时，及时采取止血包扎等急救措施，拨打急救电话。 （3）成立应急管理组织机构，制定防坍塌、防触电、防高处坠落、防机械伤害等应急预案，备齐相关应急物资及装备，定期组织开展相关演练，根据需要能够及时启动应急预案

表4-4（续）

序号	作业项目名称	作业活动内容	可导致事故	控制措施				
				工程技术措施	管理措施	培训教育措施	防护措施	应急处置措施
22	冷却塔/间冷塔环梁模板工程及支撑体系	基础模板；钢筋安装；混凝土施工；脚手架及模板拆除	触电；机械伤害；物体打击；高处坠落	（1）把好脚手架材料进场关，不符合规范要求不允许进场。 （2）涉及高空作业的人员必须佩戴双钩安全带并正确使用。 （3）倒运材料使用的起重机械状况良好，安全装置齐全有效。 （4）严禁垂直交叉施工作业，特殊情况，必须采取有效的隔离警示措施，并设监护人。模板支撑体系施工必须严格按照既定施工方案实施，并按照规范要求分层组织验收。 （5）施工电源布置符合“三相五线制”要求，主要工器具及机械设备安全装置齐全、可靠	（1）制定冷却塔/间冷塔环梁模板工程及支撑体系施工方案；需经过专家论证的，必须按要求履行论证审批手续。 （2）作业前进行安全技术交底并双方签字，留存记录。 （3）作业过程专职安全人员、施工负责人等现场巡视检查，模板支撑搭设及混凝土浇筑、大件吊运等关键施工部位或工序，作业相关人员必须全程旁站到位，并填写旁站记录。 （4）模板支撑体系施工完毕，必须按照规定要求，分层组织验收，合格后方允许进行下一道工序。 （5）六级以上大风、雷雨、大雾等恶劣天气严禁吊装作业	（1）作业人员经过三级安全教育培训考试合格，办理入场门禁卡，方允许进场。 （2）架子工、电工、焊工、起重工等特殊工种经过专业培训，持证上岗，定期开展特殊工种安全再培训工作。 （3）开展班前会、每周安全活动，对施工人员进行培训教育	作业人员正确佩戴个人防护用品并按要求规范使用	（1）现场配备急救箱。 （2）出现人员伤害时，及时采取止血包扎等急救措施，拨打急救电话。 （3）成立应急管理组织机构，制定防坍塌、防触电、防高处坠落、防机械伤害等应急预案，备齐相关应急物资及装备，定期组织开展相关演练，根据需要能够及时启动应急预案

表4-4（续）

序号	作业项目名称	作业活动内容	可导致事故	控制措施				
				工程技术措施	管理措施	培训教育措施	防护措施	应急处置措施
23	冷塔高位水箱支架模板工程及支撑体系	基础模板；钢筋安装；混凝土施工；脚手架及模板拆除	触电；机械伤害；物体打击；高处坠落	（1）把好脚手架材料进场关，不符合规范要求不允许进场。 （2）涉及高空作业的人员必须佩戴双钩安全带并正确使用。 （3）倒运材料使用的起重机械状况良好，安全装置齐全有效。 （4）严禁垂直交叉施工作业，特殊情况，必须采取有效的隔离警示措施，并设监护人。模板支撑体系施工必须严格按照既定施工方案实施，并按照规范要求分层组织验收。 （5）施工电源布置符合“三相五线制”要求，主要工器具及机械设备安全装置齐全、可靠	（1）制定冷塔高位水箱支架模板工程及支撑体系施工方案；需经过专家论证的，必须按要求履行论证审批手续。 （2）作业前进行安全技术交底并双方签字，留存记录。 （3）作业过程专职安全人员、施工负责人等现场巡视检查，模板支撑搭设及混凝土浇筑、大件吊运等关键施工部位或工序，作业相关人员必须全程旁站到位，并填写旁站记录。 （4）模板支撑体系施工完毕，必须按照规定要求，分层组织验收，合格后方允许进行下一道工序。 （5）六级以上大风、雷雨、大雾等恶劣天气严禁吊装作业	（1）作业人员经过三级安全教育培训考试合格，办理入场门禁卡，方允许进场。 （2）架子工、电工、焊工、起重工等特殊工种经过专业培训，持证上岗，定期开展特殊工种安全再培训工作。 （3）开展班前会、每周安全活动，对施工人员进行培训教育	作业人员正确佩戴个人防护用品并按要求规范使用	（1）现场配备急救箱。 （2）出现人员伤害时，及时采取止血包扎等急救措施，拨打急救电话。 （3）成立应急管理组织机构，制定防坍塌、防触电、防高处坠落、防机械伤害等应急预案，备齐相关应急物资及装备，定期组织开展相关演练，根据需要能够及时启动应急预案

表4-4（续）

序号	作业项目名称	作业活动内容	可导致事故	控制措施				
				工程技术措施	管理措施	培训教育措施	防护措施	应急处置措施
24	灰库上部结构模板工程及支撑体系	基础模板；钢筋安装；混凝土施工；脚手架及模板拆除	触电；机械伤害；物体打击；高处坠落	（1）把好脚手架材料进场关，不符合规范要求不允许进场。 （2）涉及高空作业的人员必须佩戴双钩安全带并正确使用。 （3）倒运材料使用的起重机械状况良好，安全装置齐全有效。 （4）严禁垂直交叉施工作业，特殊情况，必须采取有效的隔离警示措施，并设监护人。模板支撑体系施工必须严格按照既定施工方案实施，并按照规范要求分层组织验收。 （5）施工电源布置符合“三相五线制”要求，主要工器具及机械设备安全装置齐全、可靠	（1）制定灰库上部结构模板工程及支撑体系施工方案；需经过专家论证的，必须按要求履行论证审批手续。 （2）作业前进行安全技术交底并双方签字，留存记录。 （3）作业过程专职安全人员、施工负责人等现场巡视检查，模板支撑搭设及混凝土浇筑、大件吊运等关键施工部位或工序，作业相关人员必须全程旁站到位，并填写旁站记录。 （4）模板支撑体系施工完毕，必须按照规定要求，分层组织验收，合格后方允许进行下一道工序。 （5）六级以上大风、雷雨、大雾等恶劣天气严禁吊装作业	（1）作业人员经过三级安全教育培训考试合格，办理入场门禁卡，方允许进场。 （2）架子工、电工、焊工、起重工等特殊工种经过专业培训，持证上岗，定期开展特殊工种安全再培训工作。 （3）开展班前会、每周安全活动，对施工人员进行培训教育	作业人员正确佩戴个人防护用品并按要求规范使用	（1）现场配备急救箱。 （2）出现人员伤害时，及时采取止血包扎等急救措施，拨打急救电话。 （3）成立应急管理组织机构，制定防坍塌、防触电、防高处坠落、防机械伤害等应急预案，备齐相关应急物资及装备，定期组织开展相关演练，根据需要能够及时启动应急预案

表 4-4（续）

序号	作业项目名称	作业活动内容	可导致事故	控制措施				
				工程技术措施	管理措施	培训教育措施	防护措施	应急处置措施
25	石灰石粉仓模板工程及支撑体系	基础模板；钢筋安装；混凝土施工；脚手架及模板拆除	触电；机械伤害；物体打击；高处坠落	（1）把好脚手架材料进场关，不符合规范要求不允许进场。 （2）涉及高空作业的人员必须佩戴双钩安全带并正确使用。 （3）倒运材料使用的起重机械状况良好，安全装置齐全有效。 （4）严禁垂直交叉施工作业，特殊情况，必须采取有效的隔离警示措施，并设监护人。模板支撑体系施工必须严格按照既定施工方案实施，并按照规范要求分层组织验收。 （5）施工电源布置符合“三相五线制”要求，主要工器具及机械设备安全装置齐全、可靠	（1）制定石灰石粉仓模板工程及支撑体系施工方案；需经过专家论证的，必须按要求履行论证审批手续。 （2）作业前进行安全技术交底并双方签字，留存记录。 （3）作业过程专职安全人员、施工负责人等现场巡视检查，模板支撑搭设及混凝土浇筑、大件吊运等关键施工部位或工序，作业相关人员必须全程旁站到位，并填写旁站记录。 （4）模板支撑体系施工完毕，必须按照规定要求，分层组织验收，合格后方允许进行下一道工序。 （5）六级以上大风、雷雨、大雾等恶劣天气严禁吊装作业	（1）作业人员经过三级安全教育培训考试合格，办理入场门禁卡，方允许进场。 （2）架子工、电工、焊工、起重工等特殊工种经过专业培训，持证上岗，定期开展特殊工种安全再培训工作。 （3）开展班前会、每周安全活动，对施工人员进行培训教育	作业人员正确佩戴个人防护用品并按要求规范使用	（1）现场配备急救箱。 （2）出现人员伤害时，及时采取止血包扎等急救措施，拨打急救电话。 （3）成立应急管理组织机构，制定防坍塌、防触电、防高处坠落、防机械伤害等应急预案，备齐相关应急物资及装备，定期组织开展相关演练，根据需要能够及时启动应急预案

表4-4（续）

序号	作业项目名称	作业活动内容	可导致事故	控制措施				
				工程技术措施	管理措施	培训教育措施	防护措施	应急处置措施
26	翻车机室/卸煤沟模板工程及支撑体系	基础模板；钢筋安装；混凝土施工；脚手架及模板拆除	触电；机械伤害；物体打击；高处坠落	（1）把好脚手架材料进场关，不符合规范要求不允许进场。 （2）涉及高空作业的人员必须佩戴双钩安全带并正确使用。 （3）倒运材料使用的起重机械状况良好，安全装置齐全有效。 （4）严禁垂直交叉施工作业，特殊情况，必须采取有效的隔离警示措施，并设监护人。模板支撑体系施工必须严格按照既定施工方案实施，并按照规范要求分层组织验收。 （5）施工电源布置符合“三相五线制”要求，主要工器具及机械设备安全装置齐全、可靠	（1）制定翻车机室/卸煤沟模板工程及支撑体系施工方案；需经过专家论证的，必须按要求履行论证审批手续。 （2）作业前进行安全技术交底并双方签字，留存记录。 （3）作业过程专职安全人员、施工负责人等现场巡视检查，模板支撑搭设及混凝土浇筑、大件吊运等关键施工部位或工序，作业相关人员必须全程旁站到位，并填写旁站记录。 （4）模板支撑体系施工完毕，必须按照规定要求，分层组织验收，合格后方允许进行下一道工序。 （5）六级以上大风、雷雨、大雾等恶劣天气严禁吊装作业	（1）作业人员经过三级安全教育培训考试合格，办理人场门禁卡，方允许进场。 （2）架子工、电工、焊工、起重工等特殊工种经过专业培训，持证上岗，定期开展特殊工种安全再培训工作。 （3）开展班前会、每周安全活动，对施工人员进行培训教育	作业人员正确佩戴个人防护用品并按要求规范使用	（1）现场配备急救箱。 （2）出现人员伤害时，及时采取止血包扎等急救措施，拨打急救电话。 （3）成立应急管理组织机构，制定防坍塌、防触电、防高处坠落、防机械伤害等应急预案，备齐相关应急物资及装备，定期组织开展相关演练，根据需要能够及时启动应急预案

表4-4（续）

序号	作业项目名称	作业活动内容	可导致事故	控制措施				
				工程技术措施	管理措施	培训教育措施	防护措施	应急处置措施
27	化学水处理车间上部结构模板工程及支撑体系	基础模板；钢筋安装；混凝土施工；脚手架及模板拆除	触电；机械伤害；物体打击；高处坠落	（1）把好脚手架材料进场关，不符合规范要求不允许进场。 （2）涉及高空作业的人员必须佩戴双钩安全带并正确使用。 （3）倒运材料使用的起重机械状况良好，安全装置齐全有效。 （4）严禁垂直交叉施工作业，特殊情况，必须采取有效的隔离警示措施，并设监护人。模板支撑体系施工必须严格按照既定施工方案实施，并按照规范要求分层组织验收。 （5）施工电源布置符合“三相五线制”要求，主要工器具及机械设备安全装置齐全、可靠	（1）制定化学水处理车间上部结构模板工程及支撑体系施工方案；需经过专家论证的，必须按要求履行论证审批手续。 （2）作业前进行安全技术交底并双方签字，留存记录。 （3）作业过程专职安全人员、施工负责人等现场巡视检查，模板支撑搭设及混凝土浇筑、大件吊运等关键施工部位或工序，作业相关人员必须全程旁站到位，并填写旁站记录。 （4）模板支撑体系施工完毕，必须按照规定要求，分层组织验收，合格后方允许进行下一道工序。 （5）六级以上大风、雷雨、大雾等恶劣天气严禁吊装作业	（1）作业人员经过三级安全教育培训考试合格，办理入场门禁卡，方允许进场。 （2）架子工、电工、焊工、起重工等特殊工种经过专业培训，持证上岗，定期开展特殊工种安全再培训工作。 （3）开展班前会、每周安全活动，对施工人员进行培训教育	作业人员正确佩戴个人防护用品并按要求规范使用	（1）现场配备急救箱。 （2）出现人员伤害时，及时采取止血包扎等急救措施，拨打急救电话。 （3）成立应急管理组织机构，制定防坍塌、防触电、防高处坠落、防机械伤害等应急预案，备齐相关应急物资及装备，定期组织开展相关演练，根据需要能够及时启动应急预案

表4-4（续）

序号	作业项目名称	作业活动内容	可导致事故	控制措施				
				工程技术措施	管理措施	培训教育措施	防护措施	应急处置措施
28	输煤转运站/碎煤机室、圆形煤场、地下输煤廊道、输煤结构模板工程及支撑体系	基础模板；钢筋安装；混凝土施工；脚手架及模板拆除	触电；机械伤害；物体打击；高处坠落	（1）把好脚手架材料进场关，不符合规范要求不允许进场。 （2）涉及高空作业的人员必须佩戴双钩安全带并正确使用。 （3）倒运材料使用的起重机械状况良好，安全装置齐全有效。 （4）严禁垂直交叉施工作业，特殊情况，必须采取有效的隔离警示措施，并设监护人。模板支撑体系施工必须严格按照既定施工方案实施，并按照规范要求分层组织验收。 （5）施工电源布置符合“三相五线制”要求，主要工器具及机械设备安全装置齐全、可靠	（1）制定输煤转运站/碎煤机室、圆形煤场、地下输煤廊道、输煤结构模板工程及支撑体系施工方案；需经过专家论证的，必须按要求履行论证审批手续。 （2）作业前进行安全技术交底并双方签字，留存记录。 （3）作业过程专职安全人员、施工负责人等现场巡视检查，模板支撑搭设及混凝土浇筑、大件吊运等关键施工部位或工序，作业相关人员必须全程旁站到位，并填写旁站记录。 （4）模板支撑体系施工完毕，必须按照规定要求，分层组织验收，合格后方允许进行下一道工序。 （5）六级以上大风、雷雨、大雾等恶劣天气严禁吊装作业	（1）作业人员经过三级安全教育培训考试合格，办理入场门禁卡，方允许进场。 （2）架子工、电工、焊工、起重工等特殊工种经过专业培训，持证上岗，定期开展特殊工种安全再培训工作。 （3）开展班前会、每周安全活动，对施工人员进行培训教育	作业人员正确佩戴个人防护用品并按要求规范使用	（1）现场配备急救箱。 （2）出现人员伤害时，及时采取止血包扎等急救措施，拨打急救电话。 （3）成立应急管理组织机构，制定防坍塌、防触电、防高处坠落、防机械伤害等应急预案，备齐相关应急物资及装备，定期组织开展相关演练，根据需要能够及时启动应急预案

表4-4（续）

序号	作业项目名称	作业活动内容	可导致事故	控制措施				
				工程技术措施	管理措施	培训教育措施	防护措施	应急处置措施
29	屋内配电装置室上部结构模板工程及支撑体系	基础模板；钢筋安装；混凝土施工；脚手架及模板拆除	触电；机械伤害；物体打击；高处坠落	（1）把好脚手架材料进场关，不符合规范要求不允许进场。 （2）涉及高空作业的人员必须佩戴双钩安全带并正确使用。 （3）倒运材料使用的起重机械状况良好，安全装置齐全有效。 （4）严禁垂直交叉施工作业，特殊情况，必须采取有效的隔离警示措施，并设监护人。模板支撑体系施工必须严格按照既定施工方案实施，并按照规范要求分层组织验收。 （5）施工电源布置符合“三相五线制”要求，主要工器具及机械设备安全装置齐全、可靠	（1）制定屋内配电装置室上部结构模板工程及支撑体系专项方案；需经过专家论证的，必须按要求履行论证审批手续。 （2）作业前进行安全技术交底并双方签字，留存记录。 （3）作业过程专职安全人员、施工负责人等现场巡视检查，模板支撑搭设及混凝土浇筑、大件吊运等关键施工部位或工序，作业相关人员必须全程旁站到位，并填写旁站记录。 （4）模板支撑体系施工完毕，必须按照规定要求，分层组织验收，合格后方允许进行下一道工序。 （5）六级以上大风、雷雨、大雾等恶劣天气严禁吊装作业	（1）作业人员经过三级安全教育培训考试合格，办理入场门禁卡，方允许进场。 （2）架子工、电工、焊工、起重工等特殊工种经过专业培训，持证上岗，定期开展特殊工种安全再培训工作。 （3）开展班前会、每周安全活动，对施工人员进行培训教育	作业人员正确佩戴个人防护用品并按要求规范使用	（1）现场配备急救箱。 （2）出现人员伤害时，及时采取止血包扎等急救措施，拨打急救电话。 （3）成立应急管理组织机构，制定防坍塌、防触电、防高处坠落、防机械伤害等应急预案，备齐相关应急物资及装备，定期组织开展相关演练，根据需要能够及时启动应急预案

表4-4（续）

序号	作业项目名称	作业活动内容	可导致事故	控制措施				
				工程技术措施	管理措施	培训教育措施	防护措施	应急处置措施
30	空压机室上部结构模板工程及支撑体系	基础模板； 钢筋安装； 混凝土施工； 脚手架及模板拆除	触电； 机械伤害； 物体打击； 高处坠落	（1）把好脚手架材料进场关，不符合规范要求不允许进场。 （2）涉及高空作业的人员必须佩戴双钩安全带并正确使用。 （3）倒运材料使用的起重机械状况良好，安全装置齐全有效。 （4）严禁垂直交叉施工作业，特殊情况，必须采取有效的隔离警示措施，并设监护人。模板支撑体系施工必须严格按照既定施工方案实施，并按照规范要求分层组织验收。 （5）施工电源布置符合“三相五线制”要求，主要工器具及机械设备安全装置齐全、可靠	（1）制定空压机室上部结构模板工程及支撑体系专项方案；需经过专家论证的，必须按要求履行论证审批手续。 （2）作业前进行安全技术交底并双方签字，留存记录。 （3）作业过程专职安全人员、施工负责人等现场巡视检查，模板支撑搭设及混凝土浇筑、大件吊运等关键施工部位或工序，作业相关人员必须全程旁站到位，并填写旁站记录。 （4）模板支撑体系施工完毕，必须按照规定要求，分层组织验收，合格后方允许进行下一道工序。 （5）六级以上大风、雷雨、大雾等恶劣天气严禁吊装作业	（1）作业人员经过三级安全教育培训考试合格，办理入场门禁卡，方允许进场。 （2）架子工、电工、焊工、起重工等特殊工种经过专业培训，持证上岗，定期开展特殊工种安全再培训工作。 （3）开展班前会、每周安全活动，对施工人员进行培训教育	作业人员正确佩戴个人防护用品并按要求规范使用	（1）现场配备急救箱。 （2）出现人员伤害时，及时采取止血包扎等急救措施，拨打急救电话。 （3）成立应急管理组织机构，制定防坍塌、防触电、防高处坠落、防机械伤害等应急预案，备齐相关应急物资及装备，定期组织开展相关演练，根据需要能够及时启动应急预案

表4-4（续）

序号	作业项目名称	作业活动内容	可导致事故	控制措施				
				工程技术措施	管理措施	培训教育措施	防护措施	应急处置措施
31	其他用于钢结构安装等满堂支撑体系（承受单点集中荷载700 kg以上）	满堂支撑体系搭设及拆除	触电；机械伤害；物体打击；高处坠落	（1）把好脚手架材料进场关，不符合规范要求不允许进场。 （2）涉及高空作业的人员必须佩戴双钩安全带并正确使用。 （3）倒运材料使用的起重机械状况良好，安全装置齐全有效。 （4）严禁垂直交叉施工作业，特殊情况，必须采取有效的隔离警示措施，并设监护人。模板支撑体系施工必须严格按照既定施工方案实施，并按照规范要求分层组织验收。 （5）施工电源布置符合“三相五线制”要求，主要工器具及机械设备安全装置齐全、可靠	（1）制定满堂支撑体系的专项施工方案；需经过专家论证的，必须按要求履行论证审批手续。 （2）作业前进行安全技术交底并双方签字，留存记录。 （3）作业过程专职安全人员、施工负责人等现场巡视检查，模板支撑搭设及混凝土浇筑、大件吊运等关键施工部位或工序，作业相关人员必须全程旁站到位，并填写旁站记录。 （4）模板支撑体系施工完毕，必须按照规定要求，分层组织验收，合格后方允许进行下一道工序。 （5）六级以上大风、雷雨、大雾等恶劣天气严禁吊装作业	（1）作业人员经过三级安全教育培训考试合格，办理入场门禁卡，方允许进场。 （2）架子工、电工、焊工、起重工等特殊工种经过专业培训，持证上岗，定期开展特殊工种安全再培训工作。 （3）开展班前会、每周安全活动，对施工人员进行培训教育	作业人员正确佩戴个人防护用品并按要求规范使用	（1）现场配备急救箱。 （2）出现人员伤害时，及时采取止血包扎等急救措施，拨打急救电话。 （3）成立应急管理组织机构，制定防坍塌、防触电、防高处坠落、防机械伤害等应急预案，备齐相关应急物资及装备，定期组织开展相关演练，根据需要能够及时启动应急预案

表4-4（续）

序号	作业项目名称	作业活动内容	可导致事故	控制措施				
				工程技术措施	管理措施	培训教育措施	防护措施	应急处置措施
二、机械								
32	钢筋混凝土烟囱钢平台安装及拆除	钢平台安装及拆除	触电；机械伤害；物体打击	（1）制定安装、拆除方案，并按照方案执行。 （2）对作业区域进行30 m警戒隔离，设置警示牌。 （3）中心鼓圈脚手架及吊装设备需经过荷载计算，按方案执行并验收合格后使用。 （4）严格遵守施工用电管理办法。 （5）装置拆除时组织检查装置待拆除构件的临时加固措施。 （6）拆除的构件要有临时固定措施，不得抛掷。 （7）雨雪天施工或最大风速超过说明书要求不得施工。 （8）采取固定的爬梯，方便工人上下	（1）制定烟囱施工平台安拆及筒壁施工专项方案并完成编制、审核、批准流程；需专家论证的，必须按要求履行论证审批手续。 （2）作业前进行安全技术交底并双方签字，留存记录。 （3）作业过程专职安全人员、施工负责人等现场巡视检查，关键施工部位或工序，相关人员必须全程旁站到位。 （4）六级以上大风、雷雨、大雾等恶劣天气停止运行	（1）作业人员经过三级安全教育培训考试合格，办理入场门禁卡，方允许进场。 （2）电工、焊工、起重工等特殊工种经过专业培训，持证上岗，定期开展特殊工种安全再培训工作。 （3）开展班前会、每周安全活动，对施工人员进行培训教育	作业人员正确佩戴个人防护用品并按要求规范使用	（1）现场配备急救箱。 （2）出现人员伤害时，及时采取止血包扎等急救措施，拨打急救电话。 （3）成立应急管理组织机构，制定防坍塌、防触电、防高处坠落、防机械伤害等应急预案，备齐相关应急物资及装备，定期组织开展相关演练，根据需要能够及时启动应急预案
33	烟囱钢内筒安装	钢内筒制作；钢内筒提升	机械伤害；高处坠落；物体打击	（1）采用最新的液压千斤顶替代老旧性能不可靠的设备。 （2）顶升作业时拉设安全警戒绳或搭设隔离围栏。	（1）检查施工作业是否编制方案、是否按照方案执行。 （2）对进场机械组织进场前检查，严禁存在问题的设备进场。	（1）对机械操作人员开展岗前教育培训。 （2）做好安全技术交底。	作业人员佩戴好安全帽、安全带、防滑鞋、	（1）现场配备急救箱。 （2）出现人员伤害时，及时采取止血包扎等急救措施，拨打急救电话。

表4-4（续）

序号	作业项目名称	作业活动内容	可导致事故	控制措施				
				工程技术措施	管理措施	培训教育措施	防护措施	应急处置措施
33	烟囱钢内筒安装			（3）施工平台搭设防护围栏	（3）制定液压提升装置每日检查表，并安排专人对装置进行检查。 （4）定期检查作业环境安全措施是否到位	（3）组织液压提升装置操作使用培训。 （4）借助班前会进行安全教育	绝缘手套、防护眼镜等防护用品	（3）发生高处坠落时，启动应急处置方案，进行伤者固定，严禁搬运伤者、避免造成二次伤害
34	钢筋混凝土烟囱内筒防腐、内衬施工	内衬防腐施工	火灾；人身伤害；物体打击	（1）烟囱钢内筒防腐施工作业必须严格按照审批的既定方案要求及措施实施。 （2）人员上下提升设施必须定期检查检验，留存检查检验记录。 （3）夜间作业时，照明条件必须满足安全要求。 （4）高处作业人员使用双钩安全带，并单独挂在安全绳上	（1）制定烟囱钢内筒防腐施工方案并经过评审，履行编审批手续。 （2）作业前进行安全技术交底并双方签字，留存记录。 （3）作业过程专职安全人员、施工负责人等现场巡视检查，顶升相关人员必须全程旁站到位	（1）作业人员经过三级安全教育培训考试合格，办理入场门禁卡，方允许进场。 （2）电工、焊工、起重工等特殊工种经过专业培训，持证上岗，定期开展特殊工种安全再培训工作。 （3）开展班前会、每周安全活动，对施工人员进行培训教育	作业人员正确佩戴个人防护用品并按要求规范使用	（1）现场配备急救箱。 （2）出现人员伤害时，及时采取止血包扎等急救措施，拨打急救电话。 （3）成立应急管理组织机构，制定防坍塌、防触电、防高处坠落、防机械伤害等应急预案，备齐相关应急物资及装备，定期组织开展相关演练，根据需要能够及时启动应急预案

表4-4（续）

序号	作业项目名称	作业活动内容	可导致事故	控制措施				
				工程技术措施	管理措施	培训教育措施	防护措施	应急处置措施
35	冷却塔/间冷塔施工升降机及其他垂直运输设备的装、拆	施工升降机安装； 施工升降机拆除	触电； 机械伤害； 物体打击	（1）起吊机械严禁超过额定负荷使用。 （2）对作业区域进行隔离，设置警示牌，严禁无关人员进入作业现场。 （3）拖拉钢丝绳时要匀速、切勿猛拉。油路、电气设备安装应按机械使用说明书的规定进行安装。 （4）起吊机械严禁超过额定负荷使用。 （5）安排专人现场监督指导，定期对销轴及开口销穿装正确与否进行检查；螺栓无松动、无漏装；所有紧固件安装到位并进行检查。 （6）装置拆除时组织检查装置待拆除构件的临时加固措施。 （7）拆除施工前，施工人员需在地面提前对准对讲机频率，并试验无误后再进行拆除施工。 （8）拆除的构件要有临时固定措施，不得抛掷。 （9）恶劣天气停止拆除作业。	（1）制定施工升降机安拆作业专项方案并完成编制、审核、批准流程；需专家论证的，必须按要求履行论证审批手续。 （2）作业前进行安全技术交底并双方签字，留存记录。 （3）作业过程专职安全人员、施工负责人等现场巡视检查，安拆作业关键施工部位或工序相关人员必须全程旁站到位。 （4）配合安拆作业的汽车吊、塔吊等机械工况及状态，严格按要求检查，合格后方允许使用。 （5）六级以上大风、雷雨、大雾等恶劣天气严禁安拆作业	（1）作业人员经过三级安全教育培训考试合格，办理入场门禁卡，方允许进场。 （2）电工、焊工、起重工等特殊工种经过专业培训，持证上岗，定期开展特殊工种安全再培训工作。 （3）开展班前会、每周安全活动，对施工人员进行培训教育	作业人员正确佩戴个人防护用品并按要求规范使用	（1）现场配备急救箱。 （2）出现人员伤害时，及时采取止血包扎等急救措施，拨打急救电话。 （3）成立应急管理组织机构，制定防坍塌、防触电、防高处坠落、防机械伤害等应急预案，备齐相关应急物资及装备，定期组织开展相关演练，根据需要能够及时启动应急预案

表 4-4（续）

序号	作业项目名称	作业活动内容	可导致事故	控制措施				
				工程技术措施	管理措施	培训教育措施	防护措施	应急处置措施
35	冷却塔/间冷塔施工升降机及其他垂直运输设备的装、拆			（10）编制缆风绳拆除顺序、拆除步骤相应施工方案。 （11）将棕绳与缆风绳牢固连接后解除缆风绳原固定点，用棕绳将缆风绳缓放至地面。 （12）抽离钢丝绳时，上方需有人监护，防止钢丝绳出槽将筒壁拉裂				
36	其他采用非常规起重设备、方法，且单件起吊重量在100 kN及以上的起重吊装工程	起重吊装作业	机械伤害； 物体打击	（1）吊装作业必须严格按照审批的既定方案的要求及措施实施。 （2）对使用的起重机械全面检查，发现隐患或问题，及时整改处理。 （3）组织对吊装作业安全措施落实情况检查确认并签字	（1）制定吊装作业专项方案并完成编制、审核、批准流程；需专家论证的，必须按要求履行论证审批手续。 （2）作业前进行安全技术交底并双方签字，留存记录。 （3）作业过程专职安全人员、施工负责人等现场巡视检查，关键施工部位或工序，相关人员必须全程旁站到位。 （4）六级以上大风、雷雨、大雾等恶劣天气严禁吊装作业	（1）作业人员经过三级安全教育培训考试合格，办理入场门禁卡，方允许进场。 （2）电工、焊工、起重工等特殊工种经过专业培训，持证上岗，定期开展特殊工种安全再培训工作。 （3）开展班前会、每周安全活动，对施工人员进行培训教育	作业人员正确佩戴个人防护用品并按要求规范使用	（1）现场配备急救箱。 （2）出现人员伤害时，及时采取止血包扎等急救措施，拨打急救电话。 （3）成立应急管理组织机构，制定防坍塌、防触电、防高处坠落、防机械伤害等应急预案，备齐相关应急物资及装备，定期组织开展相关演练，根据需要能够及时启动应急预案

表4-4（续）

序号	作业项目名称	作业活动内容	可导致事故	控制措施				
				工程技术措施	管理措施	培训教育措施	防护措施	应急处置措施
37	起重量300 kN及以上的起重设备安装工程；高度200 m及以上内爬起重设备的拆除工程	起重设备安装； 起重设备拆除	机械伤害； 物体打击	（1）吊装作业必须严格按照审批的既定方案的要求及措施实施。 （2）对使用的起重机械全面检查，发现隐患或问题，及时整改处理。 （3）组织对吊装作业安全措施落实情况检查确认并签字	（1）制定吊装作业专项方案并完成编制、审核、批准流程；需专家论证的，必须按要求履行论证审批手续。 （2）作业前进行安全技术交底并双方签字，留存记录。 （3）作业过程专职安全人员、施工负责人等现场巡视检查，关键施工部位或工序，相关人员必须全程旁站到位。 （4）六级以上大风、雷雨、大雾等恶劣天气严禁吊装作业	（1）作业人员经过三级安全教育培训考试合格，办理入场门禁卡，方允许进场。 （2）电工、焊工、起重工等特殊工种经过专业培训，持证上岗，定期开展特殊工种安全再培训工作。 （3）开展班前会、每周安全活动，对施工人员进行培训教育	作业人员正确佩戴个人防护用品并按要求规范使用	（1）现场配备急救箱。 （2）出现人员伤害时，及时采取止血包扎等急救措施，拨打急救电话。 （3）成立应急管理组织机构，制定防坍塌、防触电、防高处坠落、防机械伤害等应急预案，备齐相关应急物资及装备，定期组织开展相关演练，根据需要能够及时启动应急预案

表4-4（续）

序号	作业项目名称	作业活动内容	可导致事故	控制措施				
				工程技术措施	管理措施	培训教育措施	防护措施	应急处置措施
三、脚　手　架								
38	侧煤仓上部结构施工脚手架	脚手架搭设及拆除作业	高处坠落；物体打击；机械伤害；触电	（1）严把脚手架材料入场关，检查检测不符合规范要求的，不允许进场。 （2）脚手架搭设按照方案要求实施。 （3）脚手架安全通道、水平安全网等与脚手架同步搭设。 （4）电源布线采用绝缘挂钩布线。脚手架搭拆作业时，严禁交叉施工。 （5）脚手架搭设完毕，按照规定要求分层组织验收，验收合格挂牌后，方允许使用。 （6）大风、雨雪天气后，要组织对脚手架全面检查，发现隐患及时整改	（1）制定侧煤仓上部结构脚手架搭设专项施工方案并完成编制、审核、批准流程；需专家论证的，必须按要求履行论证审批手续。 （2）作业前进行安全技术交底并双方签字，留存记录。 （3）作业过程专职安全人员、施工负责人等现场巡视检查，关键施工部位或工序，相关人员必须全程旁站到位。 （4）六级以上大风、雷雨、大雾等恶劣天气严禁高空作业、吊装作业	（1）作业人员经过三级安全教育培训考试合格，办理入场门禁卡，方允许进场。 （2）架子工、电工、焊工、起重工等特殊工种经过专业培训，持证上岗，定期开展特殊工种安全再培训工作。 （3）开展班前会、每周安全活动，对施工人员进行培训教育	作业人员正确佩戴个人防护用品并按要求规范使用	（1）现场配备急救箱。 （2）出现人员伤害时，及时采取止血包扎等急救措施，拨打急救电话。 （3）成立应急管理组织机构，制定防坍塌、防触电、防高处坠落、防机械伤害等应急预案，备齐相关应急物资及装备，定期组织开展相关演练，根据需要能够及时启动应急预案

表4-4（续）

序号	作业项目名称	作业活动内容	可导致事故	控制措施				
				工程技术措施	管理措施	培训教育措施	防护措施	应急处置措施
39	除氧煤仓间上部结构施工脚手架	脚手架搭设及拆除作业	高处坠落； 物体打击； 机械伤害； 触电	（1）严把脚手架材料入场关，检查检测不符合规范要求的，不允许进场。 （2）脚手架搭设按照方案要求实施。 （3）脚手架安全通道、水平安全网等与脚手架同步搭设。 （4）电源布线采用绝缘挂钩布线。脚手架搭拆作业时，严禁交叉施工。 （5）脚手架搭设完毕，按照规定要求分层组织验收，验收合格挂牌后，方允许使用。 （6）大风、雨雪天气后，要组织对脚手架全面检查，发现隐患及时整改	（1）制定侧煤仓上部结构脚手架搭设专项施工方案并完成编制、审核、批准流程；需专家论证的，必须按要求履行论证审批手续。 （2）作业前进行安全技术交底并双方签字，留存记录。 （3）作业过程专职安全人员、施工负责人等现场巡视检查，关键施工部位或工序，相关人员必须全程旁站到位。 （4）六级以上大风、雷雨、大雾等恶劣天气严禁高空作业、吊装作业	（1）作业人员经过三级安全教育培训考试合格，办理入场门禁卡，方允许进场。 （2）架子工、电工、焊工、起重工等特殊工种经过专业培训，持证上岗，定期开展特殊工种安全再培训工作。 （3）开展班前会、每周安全活动，对施工人员进行培训教育	作业人员正确佩戴个人防护用品并按要求规范使用	（1）现场配备急救箱。 （2）出现人员伤害时，及时采取止血包扎等急救措施，拨打急救电话。 （3）成立应急管理组织机构，制定防坍塌、防触电、防高处坠落、防机械伤害等应急预案，备齐相关应急物资及装备，定期组织开展相关演练，根据需要能够及时启动应急预案

表4-4（续）

序号	作业项目名称	作业活动内容	可导致事故	控制措施				
				工程技术措施	管理措施	培训教育措施	防护措施	应急处置措施
40	灰库上部结构施工脚手架	脚手架搭设及拆除作业	高处坠落； 物体打击； 机械伤害； 触电	（1）严把脚手架材料入场关，检查检测不符合规范要求的，不允许进场。 （2）脚手架搭设按照方案要求实施。 （3）脚手架安全通道、水平安全网等与脚手架同步搭设。 （4）电源布线采用绝缘挂钩布线。脚手架搭拆作业时，严禁交叉施工。 （5）脚手架搭设完毕，按照规定要求分层组织验收，验收合格挂牌后，方允许使用。 （6）大风、雨雪天气后，要组织对脚手架全面检查，发现隐患及时整改	（1）制定灰库上部结构施工脚手架搭设专项施工方案并完成编制、审核、批准流程；需专家论证的，必须按要求履行论证审批手续。 （2）作业前进行安全技术交底并双方签字，留存记录。 （3）作业过程专职安全人员、施工负责人等现场巡视检查，关键施工部位或工序，相关人员必须全程旁站到位。 （4）六级以上大风、雷雨、大雾等恶劣天气严禁高空作业、吊装作业	（1）作业人员经过三级安全教育培训考试合格，办理入场门禁卡，方允许进场。 （2）架子工、电工、焊工、起重工等特殊工种经过专业培训，持证上岗，定期开展特殊工种安全再培训工作。 （3）开展班前会、每周安全活动，对施工人员进行培训教育	作业人员正确佩戴个人防护用品并按要求规范使用	（1）现场配备急救箱。 （2）出现人员伤害时，及时采取止血包扎等急救措施，拨打急救电话。 （3）成立应急管理组织机构，制定防坍塌、防触电、防高处坠落、防机械伤害等应急预案，备齐相关应急物资及装备，定期组织开展相关演练，根据需要能够及时启动应急预案

表 4-4（续）

序号	作业项目名称	作业活动内容	可导致事故	控制措施				
				工程技术措施	管理措施	培训教育措施	防护措施	应急处置措施
41	输煤转运站结构施工脚手架	脚手架搭设及拆除作业	高处坠落； 物体打击； 机械伤害； 触电	（1）严把脚手架材料入场关，检查检测不符合规范要求的，不允许进场。 （2）脚手架搭设按照方案要求实施。 （3）脚手架安全通道、水平安全网等与脚手架同步搭设。 （4）电源布线采用绝缘挂钩布线。脚手架搭拆作业时，严禁交叉施工。 （5）脚手架搭设完毕，按照规定要求分层组织验收，验收合格挂牌后，方允许使用。 （6）大风、雨雪天气后，要组织对脚手架全面检查，发现隐患及时整改	（1）制定输煤转运站结构施工脚手架搭设专项施工方案并完成编制、审核、批准流程；需专家论证的，必须按要求履行论证审批手续。 （2）作业前进行安全技术交底并双方签字，留存记录。 （3）作业过程专职安全人员、施工负责人等现场巡视检查，关键施工部位或工序，相关人员必须全程旁站到位。 （4）六级以上大风、雷雨、大雾等恶劣天气严禁高空作业、吊装作业	（1）作业人员经过三级安全教育培训考试合格，办理入场门禁卡，方允许进场。 （2）架子工、电工、焊工、起重工等特殊工种经过专业培训，持证上岗，定期开展特殊工种安全再培训工作。 （3）开展班前会、每周安全活动，对施工人员进行培训教育	作业人员正确佩戴个人防护用品并按要求规范使用	（1）现场配备急救箱。 （2）出现人员伤害时，及时采取止血包扎等急救措施，拨打急救电话。 （3）成立应急管理组织机构，制定防坍塌、防触电、防高处坠落、防机械伤害等应急预案，备齐相关应急物资及装备，定期组织开展相关演练，根据需要能够及时启动应急预案

表4-4（续）

序号	作业项目名称	作业活动内容	可导致事故	控制措施				
				工程技术措施	管理措施	培训教育措施	防护措施	应急处置措施
42	输煤栈桥框架结构施工脚手架	脚手架搭设及拆除作业	高处坠落； 物体打击； 机械伤害； 触电	（1）严把脚手架材料入场关，检查检测不符合规范要求的，不允许进场。 （2）脚手架搭设按照方案要求实施。 （3）脚手架安全通道、水平安全网等与脚手架同步搭设。 （4）电源布线采用绝缘挂钩布线。脚手架搭拆作业时，严禁交叉施工。 （5）脚手架搭设完毕，按照规定要求分层组织验收，验收合格挂牌后，方允许使用。 （6）大风、雨雪天气后，要组织对脚手架全面检查，发现隐患及时整改	（1）制定输煤栈桥框架结构施工脚手架搭设专项施工方案并完成编制、审核、批准流程；需专家论证的，必须按要求履行论证审批手续。 （2）作业前进行安全技术交底并双方签字，留存记录。 （3）作业过程专职安全人员、施工负责人等现场巡视检查，关键施工部位或工序，相关人员必须全程旁站到位。 （4）六级以上大风、雷雨、大雾等恶劣天气严禁高空作业、吊装作业	（1）作业人员经过三级安全教育培训考试合格，办理入场门禁卡，方允许进场。 （2）架子工、电工、焊工、起重工等特殊工种经过专业培训，持证上岗，定期开展特殊工种安全再培训工作。 （3）开展班前会、每周安全活动，对施工人员进行培训教育	作业人员正确佩戴个人防护用品并按要求规范使用	（1）现场配备急救箱。 （2）出现人员伤害时，及时采取止血包扎等急救措施，拨打急救电话。 （3）成立应急管理组织机构，制定防坍塌、防触电、防高处坠落、防机械伤害等应急预案，备齐相关应急物资及装备，定期组织开展相关演练，根据需要能够及时启动应急预案

表4-4（续）

序号	作业项目名称	作业活动内容	可导致事故	控制措施				
				工程技术措施	管理措施	培训教育措施	防护措施	应急处置措施
43	贮煤筒仓上部结构施工脚手架	脚手架搭设及拆除作业	高处坠落； 物体打击； 机械伤害； 触电	（1）严把脚手架材料入场关，检查检测不符合规范要求的，不允许进场。 （2）脚手架搭设按照方案要求实施。 （3）脚手架安全通道、水平安全网等与脚手架同步搭设。 （4）电源布线采用绝缘挂钩布线。脚手架搭拆作业时，严禁交叉施工。 （5）脚手架搭设完毕，按照规定要求分层组织验收，验收合格挂牌后，方允许使用。 （6）大风、雨雪天气后，要组织对脚手架全面检查，发现隐患及时整改	（1）制定贮煤筒仓上部结构施工脚手架专项施工方案并完成编制、审核、批准流程；需专家论证的，必须按要求履行论证审批手续。 （2）作业前进行安全技术交底并双方签字，留存记录。 （3）作业过程专职安全人员、施工负责人等现场巡视检查，关键施工部位或工序，相关人员必须全程旁站到位。 （4）六级以上大风、雷雨、大雾等恶劣天气严禁高空作业、吊装作业	（1）作业人员经过三级安全教育培训考试合格，办理入场门禁卡，方允许进场。 （2）架子工、电工、焊工、起重工等特殊工种经过专业培训，持证上岗，定期开展特殊工种安全再培训工作。 （3）开展班前会、每周安全活动，对施工人员进行培训教育	作业人员正确佩戴个人防护用品并按要求规范使用	（1）现场配备急救箱。 （2）出现人员伤害时，及时采取止血包扎等急救措施，拨打急救电话。 （3）成立应急管理组织机构，制定防坍塌、防触电、防高处坠落、防机械伤害等应急预案，备齐相关应急物资及装备，定期组织开展相关演练，根据需要能够及时启动应急预案

表4-4（续）

序号	作业项目名称	作业活动内容	可导致事故	控制措施				
				工程技术措施	管理措施	培训教育措施	防护措施	应急处置措施
44	其他搭设高度50 m及以上的落地式钢管脚手架工程	脚手架搭设及拆除作业	高处坠落； 物体打击； 机械伤害； 触电	（1）严把脚手架材料入场关，检查检测不符合规范要求的，不允许进场。 （2）脚手架搭设按照方案要求实施。 （3）脚手架安全通道、水平安全网等与脚手架同步搭设。 （4）电源布线采用绝缘挂钩布线。脚手架搭拆作业时，严禁交叉施工。 （5）脚手架搭设完毕，按照规定要求分层组织验收，验收合格挂牌后，方允许使用。 （6）大风、雨雪天气后，要组织对脚手架全面检查，发现隐患及时整改	（1）制定50 m及以上的落地式钢管脚手架专项施工方案并完成编制、审核、批准流程；需专家论证的，必须按要求履行论证审批手续。 （2）作业前进行安全技术交底并双方签字，留存记录。 （3）作业过程专职安全人员、施工负责人等现场巡视检查，关键施工部位或工序，相关人员必须全程旁站到位。 （4）六级以上大风、雷雨、大雾等恶劣天气严禁高空作业、吊装作业	（1）作业人员经过三级安全教育培训考试合格，办理入场门禁卡，方允许进场。 （2）架子工、电工、焊工、起重工等特殊工种经过专业培训，持证上岗，定期开展特殊工种安全再培训工作。 （3）开展班前会、每周安全活动，对施工人员进行培训教育	作业人员正确佩戴个人防护用品并按要求规范使用	（1）现场配备急救箱。 （2）出现人员伤害时，及时采取止血包扎等急救措施，拨打急救电话。 （3）成立应急管理组织机构，制定防坍塌、防触电、防高处坠落、防机械伤害等应急预案，备齐相关应急物资及装备，定期组织开展相关演练，根据需要能够及时启动应急预案

表4-4（续）

序号	作业项目名称	作业活动内容	可导致事故	控制措施				
				工程技术措施	管理措施	培训教育措施	防护措施	应急处置措施
45	提升高度 150 m 及以上附着式整体和分片提升脚手架工程	脚手架搭设； 脚手架拆除	高处坠落； 物体打击； 机械伤害； 触电	（1）严把脚手架材料入场关，检查检测不符合规范要求的，不允许进场。 （2）脚手架搭设按照方案要求实施。 （3）脚手架安全通道、水平安全网等与脚手架同步搭设。 （4）电源布线采用绝缘挂钩布线。脚手架搭拆作业时，严禁交叉施工。 （5）脚手架搭设完毕，按照规定要求分层组织验收，验收合格挂牌后，方允许使用。 （6）大风、雨雪天气后，要组织对脚手架全面检查，发现隐患及时整改	（1）制定 150 m 及以上的落地式钢管脚手架专项施工方案并完成编制、审核、批准流程；需专家论证的，必须按要求履行论证审批手续。 （2）作业前进行安全技术交底并双方签字，留存记录。 （3）作业过程专职安全人员、施工负责人等现场巡视检查，关键施工部位或工序，相关人员必须全程旁站到位。 （4）六级以上大风、雷雨、大雾等恶劣天气严禁高空作业、吊装作业	（1）作业人员经过三级安全教育培训考试合格，办理入场门禁卡，方允许进场。 （2）架子工、电工、焊工、起重工等特殊工种经过专业培训，持证上岗，定期开展特殊工种安全再培训工作。 （3）开展班前会、每周安全活动，对施工人员进行培训教育	作业人员正确佩戴个人防护用品并按要求规范使用	（1）现场配备急救箱。 （2）出现人员伤害时，及时采取止血包扎等急救措施，拨打急救电话。 （3）成立应急管理组织机构，制定防坍塌、防触电、防高处坠落、防机械伤害等应急预案，备齐相关应急物资及装备，定期组织开展相关演练，根据需要能够及时启动应急预案

表4-4（续）

序号	作业项目名称	作业活动内容	可导致事故	控制措施				
				工程技术措施	管理措施	培训教育措施	防护措施	应急处置措施
46	架体高度20 m及以上悬挑式脚手架工程	脚手架搭设； 脚手架拆除	高处坠落； 物体打击； 机械伤害； 触电	（1）严把脚手架材料入场关，检查检测不符合规范要求的，不允许进场。 （2）脚手架搭设按照方案要求实施。 （3）脚手架安全通道、水平安全网等与脚手架同步搭设。 （4）电源布线采用绝缘挂钩布线。脚手架搭拆作业时，严禁交叉施工。 （5）脚手架搭设完毕，按照规定要求分层组织验收，验收合格挂牌后，方允许使用。 （6）大风、雨雪天气后，要组织对脚手架全面检查，发现隐患及时整改	（1）制定20 m及以上的落地式钢管脚手架专项施工方案并完成编制、审核、批准流程；需专家论证的，必须按要求履行论证审批手续。 （2）作业前进行安全技术交底并双方签字，留存记录。 （3）作业过程专职安全人员、施工负责人等现场巡视检查，关键施工部位或工序，相关人员必须全程旁站到位。 （4）六级以上大风、雷雨、大雾等恶劣天气严禁高空作业、吊装作业	（1）作业人员经过三级安全教育培训考试合格，办理入场门禁卡，方允许进场。 （2）架子工、电工、焊工、起重工等特殊工种经过专业培训，持证上岗，定期开展特殊工种安全再培训工作。 （3）开展班前会、每周安全活动，对施工人员进行培训教育	作业人员正确佩戴个人防护用品并按要求规范使用	（1）现场配备急救箱。 （2）出现人员伤害时，及时采取止血包扎等急救措施，拨打急救电话。 （3）成立应急管理组织机构，制定防坍塌、防触电、防高处坠落、防机械伤害等应急预案，备齐相关应急物资及装备，定期组织开展相关演练，根据需要能够及时启动应急预案

表4-4（续）

序号	作业项目名称	作业活动内容	可导致事故	控制措施				
				工程技术措施	管理措施	培训教育措施	防护措施	应急处置措施
47	爆破工程、采用爆破的拆除工程	炸药保管运输爆破作业	物体打击；爆炸	（1）按照国家有关规定对炸药、雷管进行保管和运输。 （2）满足条件的区域采用静力爆破代替火药爆破。 （3）设置警戒区。 （4）起爆前应将机械设备撤至安全地点或采取就地保护措施。 （5）火药运输采用专用运输工具运输、专库存放，运输车接地，库房、车辆经验收后使用。 （6）在爆破区域外定点设置爆破器材区域，起爆站设置在避炮掩体或警戒区外。 （7）在寒冷地区的冬季实施爆破，应采用抗冻爆破器材。 （8）清理残爆、拒爆时充分预留时间间隔，至少5 min	（1）制定专项方案，按照危大项目做好方案管控。 （2）人员持证上岗。 （3）施工开工前1～3天应在作业地点张贴施工通告，装药前1～3天应发布爆破通告，作业前开展检查确认。 （4）作业过程全程设专人监护；巡逻车鸣响警报及提示语音。 （5）对现场作业情况进行检查、巡查。 （6）当怀疑有盲炮时，应设置明显标志并对爆后挖运作业进行监督和指挥，防止挖掘机盲目作业引发爆炸事故	（1）作业人员经过三级安全教育培训考试合格，办理入场门禁卡，方允许进场。 （2）爆破工经过专业培训，持证上岗，定期开展特殊工种安全再培训工作。 （3）开展班前会、每周安全活动，对施工人员进行培训教育	作业人员正确佩戴个人防护用品并按要求规范使用	（1）现场配备急救箱。 （2）出现人员伤害时，及时采取止血包扎等急救措施，拨打急救电话。 （3）成立应急管理组织机构，制定防坍塌、防触电、防高处坠落、防机械伤害等应急预案，备齐相关应急物资及装备，定期组织开展相关演练，根据需要能够及时启动应急预案

表4-4（续）

序号	作业项目名称	作业活动内容	可导致事故	控制措施				
				工程技术措施	管理措施	培训教育措施	防护措施	应急处置措施
四、其他								
48	主厂房钢结构安装工程(包括钢煤斗)	钢结构运输； 钢结构组合； 钢结构吊装	起重伤害； 物体打击； 机械伤害； 高处坠落	（1）增加相应封车装置，禁止人货同车。 （2）及时在支腿下方铺设道木或垫板。自制吊耳的强度必须经过计算，并列入施工作业文件。 （3）完善现场临边安全防护；通道上方设置隔离层；高处放置的材料、工器具装箱入袋。 （4）按照预拉力方向设置缆风绳、地锚。 （5）对讲机设置专用号段；指挥信号连贯，每隔30 s重复信号，如无信号，立即停止操作，确认无误后继续工作。 （6）应在钢丝绳接触棱角处垫以包角；严禁钢丝绳与带电体、炽热物或火焰接触；严禁在设备未连接固定好时继续安装设备；临时吊挂设备采取刚性连接	（1）加强现场监督检查，加大违章查处处罚力度。 （2）设置专用地锚，进行缆风绳拉设专项检查。 （3）对讲机使用前进行通话测试，确认信号清晰，配备两块电池。 （4）对临时吊挂设备实行定期检查制度，加强施工现场的监督；制定合理施工方案，尽量减少临时吊装。 （5）吊耳必须经验收合格、验收人员签字后方可投入使用。 （6）施工现场操作人员、起重人员及技术人员严格检查人员持证情况、安全交底情况和作业执行情况	（1）加强人员安全教育。 （2）对人员开展岗前教育培训。 （3）进行专项安全技术交底	正确使用安全防护用品	（1）停止现场作业。 （2）出现人员伤害时，及时采取止血包扎等急救措施，拨打急救电话。 （3）发生事故时，启动事故现场应急处置方案，及时组织人员疏散，设置警戒区，防止二次伤害

表4-4（续）

序号	作业项目名称	作业活动内容	可导致事故	控制措施				
				工程技术措施	管理措施	培训教育措施	防护措施	应急处置措施
49	圆形煤场及干煤棚网壳结构施工	钢结构运输； 钢结构组合； 钢结构吊装	起重伤害； 物体打击； 机械伤害； 高处坠落	（1）增加相应封车装置，禁止人货同车。 （2）及时在支腿下方铺设道木或垫板。自制吊耳的强度必须经过计算，并列入施工作业文件。 （3）完善现场临边安全防护；通道上方设置隔离层；高处放置的材料、工器具装箱入袋。 （4）按照预拉力方向设置缆风绳、地锚。 （5）对讲机设置专用号段；指挥信号连贯，每隔30 s重复信号，如无信号，立即停止操作，确认无误后继续工作。 （6）应在钢丝绳接触棱角处垫以包角；严禁钢丝绳与带电体、炽热物或火焰接触；严禁在设备未连接固定好时继续安装设备；临时吊挂设备采取刚性连接	（1）加强现场监督检查，加大违章查处处罚力度。 （2）设置专用地锚，进行缆风绳拉设专项检查。 （3）对讲机使用前进行通话测试，确认信号清晰，配备两块电池。 （4）对临时吊挂设备实行定期检查制度，加强施工现场的监督；制定合理施工方案，尽量减少临时吊挂设备采取刚性连接。 （5）吊耳必须经验收合格、验收人员签字后方可投入使用。 （6）施工现场操作人员、起重人员及技术人员严格检查人员持证情况、安全交底情况和作业执行情况	（1）加强人员安全教育。 （2）对人员开展岗前教育培训。 （3）进行专项安全技术交底	正确使用安全防护用品	（1）停止现场作业。 （2）出现人员伤害时，及时采取止血包扎等急救措施，拨打急救电话。 （3）发生事故时，启动事故现场应急处置方案，及时组织人员疏散，设置警戒区，防止二次伤害

表4-4（续）

序号	作业项目名称	作业活动内容	可导致事故	控制措施				
				工程技术措施	管理措施	培训教育措施	防护措施	应急处置措施
50	其他跨度大于36 m及以上的钢结构安装工程	钢结构运输； 钢结构组合； 钢结构吊装	起重伤害； 物体打击； 机械伤害； 高处坠落	（1）增加相应封车装置，禁止人货同车。 （2）及时在支腿下方铺设道木或垫板。自制吊耳的强度必须经过计算，并列入施工作业文件。 （3）完善现场临边安全防护；通道上方设置隔离层；高处放置的材料、工器具装箱入袋。 （4）按照预拉力方向设置缆风绳、地锚。 （5）对讲机设置专用号段；指挥信号连贯，每隔30 s重复信号，如无信号，立即停止操作，确认无误后继续工作。 （6）应在钢丝绳接触棱角处垫以包角；严禁钢丝绳与带电体、炽热物或火焰接触；严禁在设备未连接固定好时继续安装设备；临时吊挂设备采取刚性连接	（1）加强现场监督检查，加大违章查处处罚力度。 （2）设置专用地锚，进行缆风绳拉设专项检查。 （3）对讲机使用前进行通话测试，确认信号清晰，配备两块电池。 （4）对临时吊挂设备实行定期检查制度，加强施工现场的监督；制定合理施工方案，尽量减少临时吊装。 （5）吊耳必须经验收合格、验收人员签字后方可投入使用。 （6）施工现场操作人员、起重人员及技术人员严格检查人员持证情况、安全交底情况和作业执行情况	（1）加强人员安全教育。 （2）对人员开展岗前教育培训。 （3）进行专项安全技术交底	正确使用安全防护用品	（1）停止现场作业。 （2）出现人员伤害时，及时采取止血包扎等急救措施，拨打急救电话。 （3）发生事故时，启动事故现场应急处置方案，及时组织人员疏散，设置警戒区，防止二次伤害

表4-4（续）

序号	作业项目名称	作业活动内容	可导致事故	控制措施				
				工程技术措施	管理措施	培训教育措施	防护措施	应急处置措施
51	跨度大于60 m及以上的网架和索膜结构安装工程	结构运输；结构组合；结构吊装	起重伤害； 物体打击； 机械伤害； 高处坠落	（1）增加相应封车装置，禁止人货同车。 （2）及时在支腿下方铺设道木或垫板。自制吊耳的强度必须经过计算，并列入施工作业文件。 （3）完善现场临边安全防护；通道上方设置隔离层；高处放置的材料、工器具装箱入袋。 （4）按照预拉力方向设置缆风绳、地锚。 （5）对讲机设置专用号段；指挥信号连贯，每隔30 s重复信号，如无信号，立即停止操作，确认无误后继续工作。 （6）应在钢丝绳接触棱角处垫以包角；严禁钢丝绳与带电体、炽热物或火焰接触；严禁在设备未连接固定好时继续安装设备；临时吊挂设备采取刚性连接	（1）加强现场监督检查，加大违章查处处罚力度。 （2）设置专用地锚，进行缆风绳拉设专项检查。 （3）对讲机使用前进行通话测试，确认信号清晰，配备两块电池。 （4）对临时吊挂设备实行定期检查制度，加强施工现场的监督；制定合理施工方案，尽量减少临时吊装。 （5）吊耳必须经验收合格、验收人员签字后方可投入使用。 （6）施工现场操作人员、起重人员及技术人员严格检查人员持证情况、安全交底情况和作业执行情况	（1）加强人员安全教育。 （2）对人员开展岗前教育培训。 （3）进行专项安全技术交底	正确使用安全防护用品	（1）停止现场作业。 （2）出现人员伤害时，及时采取止血包扎等急救措施，拨打急救电话。 （3）发生事故时，启动事故现场应急处置方案，及时组织人员疏散，设置警戒区，防止二次伤害

表4-4（续）

序号	作业项目名称	作业活动内容	可导致事故	控制措施				
				工程技术措施	管理措施	培训教育措施	防护措施	应急处置措施
52	汽机底板钢筋安装工程	钢筋绑扎	坍塌；高处坠落	（1）采用地面绑扎成型吊装就位。 （2）用脚手架管代替钢筋做马凳，增强稳定性	（1）大型基础钢筋绑扎必须设置钢筋骨架且经过验算，并编制相关施工方案。 （2）钢筋网与骨架未固定时，严禁人员上下；应在钢筋网上铺设施工通道	（1）对人员开展岗前教育培训。 （2）对施工人员进行专业工作标准培训。 （3）开展班前会、每周安全活动，对施工人员进行培训教育。 （4）做好安全技术交底	佩戴安全帽、安全带、手套等防护用品	（1）现场配备急救箱。 （2）出现人员伤害时，及时采取止血包扎等急救措施，拨打急救电话。 （3）发生坍塌事故时，启动坍塌事故现场应急处置方案，及时组织人员疏散，设置警戒区，防止二次伤害，调动机械和人员营救被埋压人员
53	烟囱底板钢筋安装工程	钢筋绑扎	坍塌；高处坠落	（1）采用地面绑扎成型吊装就位。 （2）用脚手架管代替钢筋做马凳，增强稳定性	（1）大型基础钢筋绑扎必须设置钢筋骨架且经过验算，并编制相关施工方案。 （2）钢筋网与骨架未固定时，严禁人员上下；应在钢筋网上铺设施工通道	（1）对人员开展岗前教育培训。 （2）对施工人员进行专业工作标准培训。	佩戴安全帽、安全带、手套等防护用品	（1）现场配备急救箱。 （2）出现人员伤害时，及时采取止血包扎等急救措施，拨打急救电话。

表4-4（续）

序号	作业项目名称	作业活动内容	可导致事故	控制措施				
				工程技术措施	管理措施	培训教育措施	防护措施	应急处置措施
53	烟囱底板钢筋安装工程					（3）开展班前会、每周安全活动，对施工人员进行培训教育。 （4）做好安全技术交底		（3）发生坍塌事故时，启动坍塌事故现场应急处置方案，及时组织人员疏散，设置警戒区，防止二次伤害，调动机械和人员营救被埋压人员
54	冷却塔/间冷塔环基钢筋安装工程	钢筋绑扎	坍塌；高处坠落	（1）采用地面绑扎成型吊装就位。 （2）用脚手架管代替钢筋做马凳，增强稳定性	（1）大型基础钢筋绑扎必须设置钢筋骨架且经过验算，并编制相关施工方案。 （2）钢筋网与骨架未固定时，严禁人员上下；应在钢筋网上铺设施工通道	（1）对人员开展岗前教育培训。 （2）对施工人员进行专业工作标准培训。 （3）开展班前会、每周安全活动，对施工人员进行培训教育。 （4）做好安全技术交底	佩戴安全帽、安全带、手套等防护用品	（1）现场配备急救箱。 （2）出现人员伤害时，及时采取止血包扎等急救措施，拨打急救电话。 （3）发生坍塌事故时，启动坍塌事故现场应急处置方案，及时组织人员疏散，设置警戒区，防止二次伤害，调动机械和人员营救被埋压人员

表4-4（续）

序号	作业项目名称	作业活动内容	可导致事故	控制措施				
				工程技术措施	管理措施	培训教育措施	防护措施	应急处置措施
55	圆形煤场环基钢筋安装工程	钢筋绑扎	坍塌；高处坠落	（1）采用地面绑扎成型吊装就位。 （2）用脚手架管代替钢筋做马凳，增强稳定性	（1）大型基础钢筋绑扎必须设置钢筋骨架且经过验算，并编制相关施工方案。 （2）钢筋网与骨架未固定时，严禁人员上下；应在钢筋网上铺设施工通道	（1）对人员开展岗前教育培训。 （2）对施工人员进行专业工作标准培训。 （3）开展班前会、每周安全活动，对施工人员进行培训教育。 （4）做好安全技术交底	佩戴安全帽、安全带、手套等防护用品	（1）现场配备急救箱。 （2）出现人员伤害时，及时采取止血包扎等急救措施，拨打急救电话。 （3）发生坍塌事故时，启动坍塌事故现场应急处置方案，及时组织人员疏散，设置警戒区，防止二次伤害，调动机械和人员营救被埋压人员
56	其他阀板基础钢筋安装工程	钢筋绑扎	坍塌；高处坠落	（1）采用地面绑扎成型吊装就位。 （2）用脚手架管代替钢筋做马凳，增强稳定性	（1）大型基础钢筋绑扎必须设置钢筋骨架且经过验算，并编制相关施工方案。 （2）钢筋网与骨架未固定时，严禁人员上下；应在钢筋网上铺设施工通道	（1）对人员开展岗前教育培训。 （2）对施工人员进行专业工作标准培训。	佩戴安全帽、安全带、手套等防护用品	（1）现场配备急救箱。 （2）出现人员伤害时，及时采取止血包扎等急救措施，拨打急救电话。

表4-4（续）

序号	作业项目名称	作业活动内容	可导致事故	控制措施				
				工程技术措施	管理措施	培训教育措施	防护措施	应急处置措施
56	其他阀板基础钢筋安装工程					（3）开展班前会、每周安全活动，对施工人员进行培训教育。 （4）做好安全技术交底		（3）发生坍塌事故时，启动坍塌事故现场应急处置方案，及时组织人员疏散，设置警戒区，防止二次伤害，调动机械和人员营救被埋压人员
五、汽机专业								
57	汽机房行车吊装	设备倒运；设备吊装	高处坠落； 起重伤害； 机械伤害； 坍塌； 物体打击	（1）辨识危大工程清单，方案完成后组织专家会审方案。 （2）填写开工条件检查记录表。 （3）高处作业正确使用安全带，做到高挂低用。 （4）零星物品放入专用工具包，严禁抛掷；所使用工具系保险绳；施工垃圾随干随清，杜绝高空落物源。 （5）临边孔洞搭设安全围栏、铺好安全网，行车大梁上方作业区拉设手扶水平安全绳。	（1）将其作为开工条件检查时的重要内容。 （2）开工前做好检查。 （3）定期进行安全检查，排除隐患。 （4）对讲机使用前进行通话测试，配备两块电池。 （5）安监、技术管理人员全程旁站监督，及时发现并消除隐患。 （6）编制专项施工方案，办理安全施工作业票	（1）开展安全专项教育培训。 （2）施工前开展施安全技术交底，提高施工人员素质	正确佩戴和使用安全帽、安全带等劳动防护用品，高空人员穿软底防滑鞋	（1）现场配备急救箱。 （2）出现人员伤害时，及时采取止血包扎等急救措施，拨打急救电话。 （3）启动项目部起重伤害应急处置方案，及时组织人员疏散，设置警戒区，防止二次伤害

表4-4（续）

序号	作业项目名称	作业活动内容	可导致事故	控制措施				
				工程技术措施	管理措施	培训教育措施	防护措施	应急处置措施
57	汽机房行车吊装			（6）电工、起重作业人员持证上岗。 （7）对讲机设置专用号段，避免串号；指挥信号不清晰时应立即停止操作，待确认无误后方可进行后续工作。 （8）指挥人员站在使操作人员能看清指挥信号的安全位置上；当跟随负载进行指挥时，应随时指挥负载避开人或障碍物				
58	发电机定子吊装	液压提升装置安装； 设备吊装； 设备就位找正	起重伤害； 高处坠落； 物体打击	（1）辨识危大工程清单，方案完成后组织专家会审方案。 （2）填写开工条件检查记录表。 （3）高处作业正确使用安全带，做到高挂低用。 （4）零星物品放入专用工具包，严禁抛掷；所使用工具系保险绳；施工垃圾随干随清，杜绝高空落物源。	（1）将其作为开工条件检查时的重要内容。 （2）开工前做好检查。 （3）定期进行安全检查，排除隐患。 （4）对讲机使用前进行通话测试，配备两块电池。 （5）安监、技术管理人员全程旁站监督，及时发现并消除隐患。 （6）编制专项施工方案，办理安全施工作业票	（1）开展安全专项教育培训。 （2）施工前开展施安全技术交底，提高施工人员素质	正确佩戴和使用安全帽、安全带等劳动防护用品，高空人员穿软底防滑鞋	（1）现场配备急救箱。 （2）出现人员伤害时，及时采取止血包扎等急救措施，拨打急救电话。 （3）启动项目部起重伤害应急处置方案，及时组织人员疏散，设置警戒区，防止二次伤害

表4-4（续）

序号	作业项目名称	作业活动内容	可导致事故	控制措施				
				工程技术措施	管理措施	培训教育措施	防护措施	应急处置措施
58	发电机定子吊装			（5）临边孔洞搭设安全围栏、铺好安全网；行车大梁上方作业区拉设手扶水平安全绳。 （6）电工、起重作业人员持证上岗。 （7）对讲机设置专用号段，避免串号；指挥信号不清晰时应立即停止操作，待确认无误后方可进行后续工作。 （8）指挥人员站在使操作人员能看清指挥信号的安全位置上；当跟随负载进行指挥时，应随时指挥负载避开人或障碍物				
59	发电机本体安装、发电机穿转子	汽轮机转子吊装；汽轮机穿转子	起重伤害；高处坠落；物体打击	（1）起重索具使用前认真检查，无外观缺陷方可使用。 （2）起重作业人员持证上岗。 （3）对讲机设置专用号段；指挥信号不清晰，应立即停止操作，待确认无误后方可进行后续工作。	（1）起重作业编制专项施工方案。 （2）加强现场巡查，消除隐患。 （3）安监人员全程旁站监护，及时发现并消除隐患	施工前开展施安全技术交底，提高施工人员素质	正确佩戴个人劳动防护用品	（1）现场配备急救箱。 （2）出现人员伤害时，及时采取止血包扎等急救措施，拨打急救电话

表4-4（续）

序号	作业项目名称	作业活动内容	可导致事故	控制措施				
				工程技术措施	管理措施	培训教育措施	防护措施	应急处置措施
59	发电机本体安装、发电机穿转子			（4）指挥人员站在使操作人员能看清指挥信号的安全位置上。 （5）开工前必须办理安全施工作业票，施工人员经交底签字后方可上岗。 （6）葫芦使用前须做拉力试验，千斤顶须由专业人员操作				
60	汽轮发电机组油系统冲洗	临时系统安装及调试； 油品运输； 油箱检查系统进油油循环监护、消缺； 滤网清理、更换； 油箱清理	火灾；触电；窒息	（1）接线必须断电。 （2）驾驶员持证上岗，厂内驾驶机动车车速应低于 15 km/h，不得超载。 （3）运输时所装物体重心与车厢重心一致，并用葫芦封牢车，人货不得同车。 （4）行灯电压不超过 12 V，做好通风措施，设专人监护。 （5）施工废弃物及时清理，随干随清。 （6）配备足够的消防器材，设置安全警示或隔离区，周边的动火施工暂停。	（1）定期进行安全检查，排除隐患。 （2）电工持证上岗。 （3）严格执行厂内运输管理办法，运输过程中派专人跟车监督，确保设备运输过程可控、在控。 （4）定期检查。 （5）开工前做好检查。 （6）安监人员全程旁站监督，及时发现并消除隐患	开展三级安全教育培训，提高员工的安全知识和安全技能水平	（1）发现人员触电，及时切断电源，拨打急救电话。 （2）现场配备急救箱。 （3）出现人员伤害时，及时采取止血包扎等急救措施，拨打急救电话。	

表4-4（续）

序号	作业项目名称	作业活动内容	可导致事故	控制措施				
				工程技术措施	管理措施	培训教育措施	防护措施	应急处置措施
60	汽轮发电机组油系统冲洗			（7）油循环区域施工，必须办理动火作业票。 （8）设置警示标志或隔离区；进入油循环区域不得携带火种，禁止吸烟。 （9）废油、滤纸等易燃物放入指定位置，不得乱放			（4）出现火灾时，启动项目部火灾应急处置方案，及时组织人员疏散，设置警戒区	
61	除氧器、高低加热器吊装	设备运输；设备吊装；设备就位及找正验收	高处坠落；机械伤害；起重伤害	（1）履带吊行走路线地基填平压实，满足承载力要求，铺设专用垫板。 （2）起重索具使用前认真检查，无外观缺陷方可使用，并不得超负荷使用；钢丝绳不得与物体的棱角直接接触，应在棱角处垫以半圆管、木板等；严禁钢丝绳与任何带电体、与炽热物或火焰接触。 （3）设置安全警示或警戒区，无关人员不得进入。	（1）开工前做好检查。 （2）对讲机使用前进行通话测试，配备两块电池。 （3）安监、技术管理人员全程旁站监督，及时发现并消除隐患。 （4）编制专项施工方案，办理安全施工作业票	施工前开展施安全技术交底，提高施工人员素质	正确佩戴和使用安全帽、安全带等劳动防护用品；高处作业正确使用安全带，安全带不得挂在防护栏的管口及其他不安全的物体上	（1）现场配备急救箱。 （2）出现人员伤害时，及时采取止血包扎等急救措施，拨打急救电话。 （3）启动项目部起重伤害应急处置方案

表4-4（续）

序号	作业项目名称	作业活动内容	可导致事故	控制措施				
				工程技术措施	管理措施	培训教育措施	防护措施	应急处置措施
61	除氧器、高低加热器吊装			（4）指挥人员应站在使操作人员能看清指挥信号的安全位置上；当跟随负载进行指挥时，应随时指挥负载避开人或障碍物。 （5）对讲机设置专用号段，避免串号；指挥信号不清晰，应立即停止操作；操作人员持证上岗				
六、锅炉专业								
62	锅炉大板梁吊装	场地平整；起重工器具检查；板梁卸车；板梁吊装；板梁就位及找正验收	高处坠落；起重伤害；机械伤害；坍塌；物体打击	（1）通过信息化实施线上审批。 （2）依据大型吊车实际重量核算地面承载力，确保大型吊车安全平稳地完成吊装作业。 （3）按规定办理安全施工作业票，制定专项安全控制措施并做好交底。 （4）对吊点及临时吊耳校核计算；在钢丝绳接触棱角处垫以包角；钢丝绳与带电体、炽热物或火焰保持距离。	（1）编制专项施工方案，制定安全控制措施。 （2）做好施工协调，避免交叉作业。 （3）开展专项检查作业票；执行人必须严格按作业票确定的内容进行操作；安全监护人员必须监护到位，严禁擅自脱岗、离岗。 （4）起吊前，对所用钢丝绳进行检查，并检查捆绑的吊点是否合适。	（1）对人员开展岗前教育培训。 （2）进行专项安全技术交底，向起重工、操作工进行作业票交底，明确起吊物重量、就位位置。 （3）开展班前会、每周安全活动，对施工人员进行培训教育	进行高处作业必须系好安全带，并正确使用	（1）停止现场作业。 （2）出现人员伤害时，及时采取止血包扎等急救措施，拨打急救电话。 （3）发生事故时，启动事故现场应急处置方案，及时组织人员疏散，设置警戒区，防止二次伤害

表4-4（续）

序号	作业项目名称	作业活动内容	可导致事故	控制措施				
				工程技术措施	管理措施	培训教育措施	防护措施	应急处置措施
62	锅炉大板梁吊装			（5）严禁在设备未连接固定好时继续安装设备。 （6）临时吊挂设备必须采取刚性连接或加保险绳的方式进行固定。 （7）吊装机械超过额定负荷90%必须办理安全施工作业票，通过计算合理分配负荷。 （8）在卸车前的工器具和主要机具提前检查，捆绑固定。 （9）设置专用号段，避免串号；指挥信号必须连贯，每隔30 s进行一次信号重复，如无信号，立即停止操作，待确认无误后方可继续。 （10）投用前组织焊接质量检查，确保固定牢固。 （11）在钢丝绳接触棱角处垫以包角；完善现场临边安全防护；通道上方设置隔离层或作业区设置警戒区，错开交叉作业；高处放置的材料、工器具必须做好捆绑固定	（5）对临时吊挂设备实行定期检查制度，加强施工现场的监督。 （6）制定合理施工方案，尽量减少临时吊挂设备。 （7）吊装前必须办理作业票，吊装时技术员、安全员必须在现场监督指导。 （8）对讲机使用前进行通话测试，确认信号清晰，配备两块电池。 （9）加强使用过程的监督检查			

表 4-4（续）

序号	作业项目名称	作业活动内容	可导致事故	控制措施				
				工程技术措施	管理措施	培训教育措施	防护措施	应急处置措施
63	受热面吊装	组合架搭设； 受热面运输； 受热面组合； 受热面吊装； 受热面高空安装	高处坠落； 物体打击； 起重伤害	（1）严格执行《电力建设安全工作规程》，编制安全施工方案及交底。 （2）及时在支腿下方铺设道木或垫板；增加相应封车装置，禁止人货同车。 （3）吊装机械超过额定负荷90%必须办理安全施工作业票。 （4）对讲机设置专用号段，配备备用电池；指挥信号连贯，每隔30 s确认，如无信号，立即停止操作，待确认无误后方可进行后续工作。 （5）投用前组织焊接质量检查，确保固定牢固。 （6）钢丝绳不得与物体的棱角直接接触，应在棱角处垫以包角；严禁钢丝绳与任何带电体、炽热物或火焰接触；严禁在设备未固定好的情况下，继续安装其他设备；临时吊挂设备必须采取刚性连接或加保险绳。	（1）加强施工准备监督检查，施工现场专人检查。 （2）严格检查操作人员、起重人员及技术人员持证情况、安全交底情况和作业执行情况。 （3）吊耳必须经验收合格签字后方可投入使用。 （4）吊装时专人现场监督指导；明确起吊物重量、就位位置。 （5）对临时吊挂设备实行定期检查制度，加强施工现场的监督；尽量减少临时吊挂设备。 （6）起吊前，对所用钢丝绳进行检查，并检查捆绑的吊点是否合适	（1）进行专项安全技术交底。 （2）加强人员安全教育。 （3）对人员开展岗前教育培训。 （4）开展班前会、每周安全活动，对施工人员进行培训教育	进行高处作业必须正确使用安全带，安全带必须挂在上方稳固独立的位置	（1）现场配备急救箱。 （2）出现人员伤害时，及时采取止血包扎等急救措施，拨打急救电话。 （3）发生事故时，启动事故现场应急处置方案，及时组织人员疏散，设置警戒区，防止二次伤害

表4-4（续）

序号	作业项目名称	作业活动内容	可导致事故	控制措施				
				工程技术措施	管理措施	培训教育措施	防护措施	应急处置措施
63	受热面吊装			（7）不宜采用两台或多台链条葫芦同时起吊同一重物；确需采用时，应制定可靠的安全技术措施，且单台链条葫芦的允许起重量应大于起吊重物的重量。 （8）对吊点及临时吊耳进行校核计算。 （9）完善现场临边安全防护；通道上方设置隔离层或错开交叉作业；高处放置的材料、工器具必须做好捆绑固定				
64	炉膛内搭设高度50 m及以上落地式钢管脚手架工程	材料吊运； 脚手架搭设； 脚手架拆除	触电； 机械伤害； 物体打击； 高处坠落	（1）把好脚手架材料进场关，不符合规范要求不允许进场。 （2）涉及高空作业的人员必须佩戴双钩安全带并正确使用。 （3）倒运材料使用的起重机械状况良好，安全装置齐全有效。	（1）制定石灰石粉仓模板工程及支撑体系施工方案；需经过专家论证的，必须按要求履行论证审批手续。 （2）作业前进行安全技术交底并双方签字，留存记录。	（1）作业人员经过三级安全教育培训考试合格，办理入场门禁卡，方允许进场。 （2）架子工、电工、焊工、起重工等特殊工种经过专业培训，持证上岗，定期开展特殊工种安全再培训工作。	作业人员正确佩戴个人防护用品并按要求规范使用	（1）现场配备急救箱。 （2）出现人员伤害时，及时采取止血包扎等急救措施，拨打急救电话。

表4-4（续）

序号	作业项目名称	作业活动内容	可导致事故	控制措施				
				工程技术措施	管理措施	培训教育措施	防护措施	应急处置措施
64	炉膛内搭设高度50 m及以上落地式钢管脚手架工程			（4）严禁垂直交叉施工作业，特殊情况，必须采取有效的隔离警示措施，并设监护人。模板支撑体系施工必须严格按照既定施工方案实施，并按照规范要求分层组织验收。 （5）施工电源布置符合“三相五线制”要求，照明使用安全电压，主要工器具及机械设备安全装置齐全、可靠	（3）作业过程专职安全人员、施工负责人等现场巡视检查，模板支撑搭设及混凝土浇筑、大件吊运等关键施工部位或工序，作业相关人员必须全程旁站到位，并填写旁站记录。 （4）模板支撑体系施工完毕，必须按照规定要求，分层组织验收，合格后方允许进行下一道工序。 （5）六级以上大风、雷雨、大雾等恶劣天气严禁吊装作业	（3）开展班前会、每周安全活动，对施工人员进行培训教育		（3）成立应急管理组织机构，制定防坍塌、防触电、防高处坠落、防机械伤害等应急预案，备齐相关应急物资及装备，定期组织开展相关演练，根据需要能够及时启动应急预案
65	跨度大于36 m及以上的钢结构组合件吊装[如锅炉钢结构、输煤栈桥（设备）的吊装]	钢结构运输； 钢结构组合； 钢结构吊装	起重伤害； 物体打击； 机械伤害； 高处坠落	（1）增加相应封车装置，禁止人货同车。 （2）及时在支腿下方铺设道木或垫板；自制吊耳的强度必须经过计算，并列入施工作业文件。 （3）完善现场临边安全防护；通道上方设置隔离层；高处放置的材料、工器具装箱入袋。	（1）加强现场监督检查，加大违章查处处罚力度。 （2）设置专用地锚，进行缆风绳拉设专项检查。 （3）对讲机使用前进行通话测试，确认信号清晰，配备两块电池。	（1）加强人员安全教育。 （2）对人员开展岗前教育培训。 （3）进行专项安全技术交底	正确使用安全防护用品	（1）停止现场作业。 （2）出现人员伤害时，及时采取止血包扎等急救措施，拨打急救电话。

表4-4（续）

序号	作业项目名称	作业活动内容	可导致事故	控制措施：工程技术措施	控制措施：管理措施	控制措施：培训教育措施	控制措施：防护措施	控制措施：应急处置措施
65	跨度大于36 m及以上的钢结构组合件吊装[如锅炉钢结构、输煤栈桥（设备）的吊装]			（4）按照预拉力方向设置缆风绳、地锚。 （5）对讲机设置专用号段；指挥信号连贯，每隔30 s重复信号，如无信号，立即停止操作，确认无误后继续工作。 （6）应在钢丝绳接触棱角处垫以包角；严禁钢丝绳与带电体、炽热物或火焰接触；严禁在设备未连接固定好时继续安装设备；临时吊挂设备采取刚性连接	（4）对临时吊挂设备实行定期检查制度，加强施工现场的监督；制定合理施工方案，尽量减少临时吊装。 （5）吊耳必须经验收合格、验收人员签字后方可投入使用。 （6）严格检查施工现场操作人员、起重人员及技术人员持证情况、安全交底情况和作业执行情况			（3）发生事故时，启动事故现场应急处置方案，及时组织人员疏散，设置警戒区，防止二次伤害
66	空气预热器安装	设备运输；设备吊装	起重伤害；物体打击；机械伤害；高处坠落	（1）增加相应封车装置，禁止人货同车。 （2）及时在支腿下方铺设道木或垫板；自制吊耳的强度必须经过计算，并列入施工作业文件。 （3）完善现场临边安全防护；通道上方设置隔离层；高处放置的材料、工器具装箱入袋。 （4）按照预拉力方向设置缆风绳、地锚。	（1）加强现场监督检查，加大违章查处处罚力度。 （2）设置专用地锚，进行缆风绳拉设专项检查。 （3）对讲机使用前进行通话测试，确认信号清晰，配备两块电池。 （4）对临时吊挂设备实行定期检查制度，加强施工现场的监督；制定合理施工方案，尽量减少临时吊装。	（1）加强人员安全教育。 （2）对人员开展岗前教育培训。 （3）进行专项安全技术交底	正确使用安全防护用品	（1）停止现场作业。 （2）出现人员伤害时，及时采取止血包扎等急救措施，拨打急救电话。 （3）发生事故时，启动事故现场应急处置方案，及时组织人员疏散，设置警戒区，防止二次伤害

表4-4（续）

序号	作业项目名称	作业活动内容	可导致事故	控制措施				
				工程技术措施	管理措施	培训教育措施	防护措施	应急处置措施
66	空气预热器安装			（5）对讲机设置专用号段；指挥信号连贯，每隔30 s重复信号，如无信号，立即停止操作，确认无误后继续工作。 （6）应在钢丝绳接触棱角处垫以包角；严禁钢丝绳与带电体、炽热物或火焰接触；严禁在设备未连接固定好时继续安装设备；临时吊挂设备采取刚性连接	（5）吊耳必须经验收合格，验收人员签字后方可投入使用。 （6）严格检查施工现场操作人员、起重人员及技术人员持证情况、安全交底情况和作业执行情况			
67	锅炉水压试验	水压试验	人员伤害； 设备损坏	（1）导管连接方式应符合设计要求，无设计要求的可根据导管材质和被测介质参数选用焊接或螺纹（压垫、卡套）连接等方式。 （2）差压设备配管时，正负压阀门应与节流装置或平衡容器的正负压管一致，不得错接。 （3）水压机、空压机接入试压管路应有隔离阀门；压力表应通过三通接入试压管路且应有隔离阀门。	（1）制定水压试验方案，按要求履行专家论证手续，编制施工作业交底文件，施工前统一进行安全技术交底签字。 （2）加强管路切割、弯制、安装过程的监督检查。 （3）电动工器具使用前先进行操作培训。 （4）高空使用的小工器具配好防坠绳。 （5）高空作业佩戴工具包，小型工具严禁抛掷。	（1）对人员开展岗前教育培训。 （2）做好安全技术交底。 （3）开展班前会、每周安全活动，对施工人员进行培训教育。 （4）班组张贴正确佩戴劳保用品的宣传图片	（1）正确佩戴个人劳保用品。 （2）加强岗前培训，增强防护意识	（1）现场配备急救箱。 （2）出现人员伤害时，及时采取止血包扎等急救措施，拨打急救电话

表4-4（续）

序号	作业项目名称	作业活动内容	可导致事故	控制措施				
				工程技术措施	管理措施	培训教育措施	防护措施	应急处置措施
67	锅炉水压试验			（4）水压试验：初步检查有无漏水现象后再升压，当水压上升到额定工作压力时暂停升压，检查各部分应无漏水、变形等现象发生	（6）严禁进入现场射线等探伤区域。 （7）严禁酒后上岗			
七、电　气　专　业								
68	主变安装(包括场内卸车)	主变安装（包括场内卸车）	设备损坏； 高处坠落； 物体打击； 火灾	（1）设备运输封车时采用合格的手拉葫芦及封车带。 （2）液压推进器使用前要严格检查，液压设备严防泄漏，推进过程动作放缓，严密监视油表，出现泄漏等异常情况应立即停止作业检查。 （3）严禁超载，多台千斤顶顶升同一重物负荷率低于50%。 （4）使用前认真检查吊具，并经负荷试验合格。 （5）吊装时要对成品特别是易碎品进行保护。 （6）起吊不规则或大型组件时应使用溜绳，安排专人牵引。	（1）为施工人员办理工伤保险。 （2）作业过程全程设专人监护。 （3）作业现场应拉设警戒绳，无关人员严禁通过或逗留。 （4）制定专业方案，做好方案管控。 （5）工作中专人统一指挥，对液压装置严密监控，防止偏顶	（1）对人员开展教育培训。 （2）施工前开展安全技术交底。 （3）开展班前会、每周安全活动。 （4）开展专题讲座进行培训	人员佩戴安全带、安全帽等劳动保护用品	（1）现场配备急救箱。 （2）出现人员伤害时，采取必要急救措施，拨打急救电话。 （3）工作前对安全应急预案进行交底和桌面演练

表4-4（续）

序号	作业项目名称	作业活动内容	可导致事故	控制措施				
				工程技术措施	管理措施	培训教育措施	防护措施	应急处置措施
68	主变安装(包括场内卸车)			（7）变压器内部检查时，及时排除保护气体，保持通风，确保氧气含量满足要求；使用安全电压，照明充足。 （8）作业面及周围10 m内不得动火				
八、调试专业								
69	化学清洗	化学药品使用与管理	人员伤害	（1）对调试涉及药品按照说明书进行分类存放。 （2）对存放药品的房间进行上锁管理。 （3）对存放药品的房间加强通风。 （4）严格按照设计图纸对储存药品容器进行施工、验收。 （5）对重大危险系统阀门，易制毒、易制爆化学品存放柜（库房）需严格执行双人双锁	（1）将调试涉及药品的物理、化学性质进行悬挂上墙。 （2）将急救方法进行张贴上墙。 （3）完善运行操作规程。 （4）建立药品使用、领用台账，完善药品使用管理制度	（1）加强人员对运行规程、安全规程的培训。 （2）对化验人员进行定期培训，考取化验员证，人员持证上岗。 （3）加强人员对化学药品伤害的急救培训	配备工作服、防护面具、长筒胶靴、橡胶围裙、安全帽、防护面罩、防护眼镜、口罩、橡胶手套、劳保鞋、防毒面罩、防酸碱工作服	（1）现场配备酸碱急救药品箱，急救水源充足、满足需要；备有毛巾、肥皂等。 （2）当浓酸溅到眼睛内或皮肤上时，应迅速用大量清水冲洗，然后用0.5%的碳酸氢钠溶液清洗。 （3）当强碱溅到眼睛内或皮肤上时，应迅速用大量清水冲洗，然后用2%的稀硼酸溶液清洗眼睛或用1%的醋酸清洗皮肤。

表4-4（续）

序号	作业项目名称	作业活动内容	可导致事故	控制措施				
				工程技术措施	管理措施	培训教育措施	防护措施	应急处置措施
69	化学清洗							（4）当浓酸溅到衣服上时，应用2%的稀碱液进行中和，最后用清水冲洗
70	DCS受电	DCS受电	触电	（1）带电设备安全距离内装设围栏。 （2）严格执行两票三制。 （3）严格按照既定受电方案操作执行	（1）制定受电方案；需专家论证的，严格履行论证审批手续。 （2）积极开展受电前专项检查确认，及时查出隐患并消除。 （3）完善现场安全防护设施。 （4）对重大、危险项目做好旁站监督。 （5）特种作业人员持证上岗	（1）对违章人员进行安全教育。 （2）对新职员进行三级安全教育	作业人员正确佩戴相关防护用品	执行触电事故应急救援预案
71	厂用电受电	厂用电受电	触电	（1）带电设备安全距离内装设围栏。 （2）严格执行两票三制。 （3）严格按照既定受电方案操作执行	（1）制定受电方案；需专家论证的，严格履行论证审批手续。 （2）积极开展受电前专项检查确认，及时查出隐患并消除。 （3）完善现场安全防护设施。 （4）对重大、危险项目做好旁站监督。 （5）特种作业人员持证上岗	（1）对违章人员进行安全教育。 （2）对新职员进行三级安全教育	作业人员正确佩戴相关防护用品	执行触电事故应急救援预案

表4-4（续）

序号	作业项目名称	作业活动内容	可导致事故	控制措施				
				工程技术措施	管理措施	培训教育措施	防护措施	应急处置措施
72	锅炉点火吹管	点火吹管	火灾；锅炉爆炸；其他爆炸；灼烫；物体打击；高处坠落	（1）加强系统验收，保证安全设施同时投入使用。 （2）严格按照运行规程及调试大纲要求进行调试。 （3）严格进行可燃气体浓度检测。 （4）及时进行安全技术交底并签字。 （5）按照规定办理动火作业票、密闭空间作业票等	（1）制定运行规程及调试大纲，并严格遵照执行。 （2）积极开展专项安全检查，及时查出隐患并消除。 （3）完善现场安全防护设施。 （4）对重大、危险项目做好旁站监督。 （5）特种作业人员持证上岗	（1）做好人员入场的三级安全教育，并考试合格。 （2）做好月度及专项安全技术交底。 （3）利用班前会和交接班制度对人员进行安全教育。 （4）对施工人员进行各种急救知识的培训	佩戴安全帽、绝缘手套、防尘口罩、耳塞等相关防护用品	（1）现场配备急救箱。 （2）出现人员伤害时，及时采取止血包扎等急救措施，拨打急救电话
73	机组整套启动试运（机、炉、电）	整套启动试运	设备损坏	（1）辅助油泵自动启动装置应保持良好状态。 （2）油系统进行切换操作（如冷油器、滤网等）时，应在指定人员的监护下按操作票顺序缓慢进行操作，操作中严密监视润滑油压的变化，严防切换操作过程中断油。	（1）执行汽轮机运行规程。 （2）检测油系统油质合格。 （3）油系统主要阀门挂“禁止操作”牌	（1）对人员开展教育培训。 （2）进行机组整套启动调试措施安全技术交底。 （3）开展安全活动，对施工人员进行培训	佩戴安全帽、工作服等防护用品	（1）紧急停机。 （2）手动启动交、直流润滑油泵，恢复油压

表4-4（续）

序号	作业项目名称	作业活动内容	可导致事故	控制措施				
				工程技术措施	管理措施	培训教育措施	防护措施	应急处置措施
73	机组整套启动试运（机、炉、电）			（3）机组停机时按规程启动顶轴油泵。 （4）油循环合格，清除系统内杂物，防止系统断油。 （5）禁止在振动不合格的情况下运行				
74	机组甩负荷试验	甩负荷试验	设备损坏	（1）辅助油泵自动启动装置应保持良好状态。 （2）油系统进行切换操作（如冷油器、滤网等）时，应在指定人员的监护下按操作票顺序缓慢进行操作，操作中严密监视润滑油压的变化，严防切换操作过程中断油。 （3）机组停机时按规程启动顶轴油泵。 （4）油循环合格，清除系统内杂物，防止系统断油。 （5）禁止在振动不合格的情况下运行	（1）执行汽轮机运行规程。 （2）检测油系统油质合格。 （3）油系统主要阀门挂“禁止操作”牌	（1）对人员开展教育培训。 （2）进行机组整套启动调试措施安全技术交底。 （3）开展安全活动，对施工人员进行培训	佩戴安全帽、工作服等防护用品	（1）紧急停机。 （2）手动启动交、直流润滑油泵，恢复油压

说明：不限于清单中所列项目，仅为参考。

4.3.2　城市输变电工程项目

城市输变电工程项目涉及各类特高压、高压线路建设，建设中通常需要穿过主城区、工业区、景区等区域位置，跨越公路、铁路、航道等，工程项目现场具有流动性、分散性等特征。同时，也普遍存在有效工期较短、工程协调难度较大、夜间作业环节较多等问题，施工环境相对一般工程项目更加复杂，安全风险较大。因此，城市输变电工程项目风险辨识建议采用LEC法，充分梳理关键作业活动的位置和频次，辨析存在的设备设施及主要危害因素，提出管控措施。

针对城市输变电工程项目，分别提出作业活动和设备设施参考清单，对各类作业活动风险辨识与评价结果进行示例编写，并建立重大风险管控措施参考清单（表4－5～表4－10），供总承包单位、总承包项目部及承包商单位进行参考。

表4－5　输电工程项目作业活动和设备设施参考清单

序号	工程名称	作业活动	作业活动内容	岗位/地点	活动频繁	备注
一、土建施工作业类						
1	土石方工程	掏挖基础基坑开挖	掏挖基础基坑开挖	土建施工区	特定时间进行	
2		岩石基坑开挖	岩石基坑开挖	土建施工区	特定时间进行	
3		特殊基坑开挖作业	特殊基坑开挖作业	土建施工区	特定时间进行	
4		水坑、沼泽地、冻土基坑开挖	水坑、沼泽地、冻土基坑开挖	土建施工区	特定时间进行	
5		大坎、高边坡基础开挖	大坎、高边坡基础开挖	土建施工区	特定时间进行	
6		特殊基坑开挖作业	设备、材料吊装作业	土建施工区	特定时间进行	
7		机械冲、钻孔灌注桩基础作业	机械冲、钻孔灌注桩基础作业	土建施工区	特定时间进行	
8		锚杆基础作业	锚杆基础作业	土建施工区	特定时间进行	

表4-5（续）

序号	工程名称	作业活动	作业活动内容	岗位/地点	活动频繁	备注
9	土石方工程	人工挖孔桩基础作业	人工挖孔桩基础作业	土建施工区	特定时间进行	
10		高压旋喷桩基础作业	高压旋喷桩基础作业	土建施工区	特定时间进行	
二、安装施工作业类						
11	接地工程	接地工程施工	接地工程施工	安装施工区	特定时间进行	
12	杆塔施工	施工前准备	施工前准备	安装施工区	特定时间进行	
13		杆塔运输	杆塔运输	安装施工区	特定时间进行	
14		钢管杆施工	钢管杆施工	安装施工区	特定时间进行	
15		悬浮抱杆分解组立	悬浮抱杆分解组立	安装施工区	特定时间进行	
16		起重机吊装立塔	起重机吊装立塔	安装施工区	特定时间进行	
17		高塔组立	高塔组立	安装施工区	特定时间进行	
18	架线施工	施工前准备	施工前准备	安装施工区	特定时间进行	
19		跨越公路、铁路、航道作业	跨越公路、铁路、航道作业	安装施工区	特定时间进行	
20		跨越公路、铁路、航道作业	跨越公路、铁路、航道作业	安装施工区	特定时间进行	
21		无跨越架跨越架线	无跨越架跨越架线	安装施工区	特定时间进行	
22		跨越施工	跨越施工	安装施工区	特定时间进行	
23		跨越电力线施工	跨越电力线施工	安装施工区	特定时间进行	
24		导引绳展放	导引绳展放	安装施工区	特定时间进行	
25		无人直升机展放导引绳	无人直升机展放导引绳	安装施工区	特定时间进行	

表4-5（续）

序号	工程名称	作业活动	作业活动内容	岗位/地点	活动频繁	备注
26	架线施工	牵引绳展放	牵引绳展放	安装施工区	特定时间进行	
27		张力放线	张力放线	安装施工区	特定时间进行	
28		杆塔附件安装	杆塔附件安装	安装施工区	特定时间进行	
29		间隔棒安装	间隔棒安装	安装施工区	特定时间进行	
30		跳线安装	跳线安装	安装施工区	特定时间进行	
三、通用管理类						
31	交通行车	交通行车	现场运输	现场施工区域	特定时间进行	
32	砂轮机的使用	砂轮机的使用	配制材料	现场施工区域	特定时间进行	
33	钢筋加工机械使用	钢筋加工机械使用	加工钢筋	组合加工区	特定时间进行	
34	木加工机械使用	木加工机械使用	加工模板	组合加工区	特定时间进行	
35	使用移动式线轴	使用移动式线轴	连接用电设备	现场施工区域	特定时间进行	
36	照明安装维护	照明安装、维护	检查和检修照明设备	现场施工区域	特定时间进行	
37	风天作业	风天作业（5级以下）	吊装设备材料	现场施工区域	特定时间进行	
38	暑期施工	暑期施工	室外施工作业	现场施工区域	特定时间进行	
39	雨季施工	雨季施工	基坑排水作业	现场施工区域	特定时间进行	
40	冬季施工	冬季施工	检查防冻措施	现场施工区域	特定时间进行	

说明：不限于清单中所列作业项目，仅供参考。

表4-6 输电工程项目作业风险辨识与评价清单（样例）

序号	工程名称施工项目	作业活动	危险因素	可导致事故	作业中危险性评价				危险级别	主要控制措施
					L	E	C	D		
一、土建施工作业类										
1	土石方工程	掏挖基础基坑开挖	孔口施工可能造成人员坠落	高处坠落	3	3	7	63	4	规范设置供作业人员上下基坑的安全通道（梯子），基坑边缘按规范要求设置安全护栏
2	土石方工程	掏挖基础基坑开挖	渣土提升可能造成落物伤人	物体打击	3	3	7	63	4	配备安全帽、安全带等；规范设置供作业人员上下基坑的安全通道（梯子）；应安排安全监护人，密切观察绑扎点情况
3	土石方工程	岩石基坑开挖	人工成孔不规范，可能造成物体打击	物体打击	3	1	3	9	4	人工打孔时扶锤人员带防护手套和防尘罩，采取手臂保护措施，打锤人员和扶锤人员密切配合
4	土石方工程	特殊基坑开挖作业	泥沙流沙坑开挖不规范，可能造成坍塌	坍塌	3	6	7	126	3	编写专项施工方案；泥沙坑、流沙坑施工中容易塌方，严格按照方案采取挡泥沙板措施
5	土石方工程	水坑、沼泽地、冻土基坑开挖	水坑、沼泽地、冻土基坑开挖不符合规范要求，有坍塌风险	坍塌	3	3	7	63	4	流沙坑、化冻土坑容易塌方，施工时应派人监护
6	土石方工程	大坎、高边坡基础开挖	大坎、高边坡基础开挖不规范，可能造成物体打击、坍塌、高处坠落	物体打击；坍塌；高处坠落	3	6	7	126	3	编写专项施工方案；必须先清除上山坡浮动土石；在悬岩陡坡上作业时应系安全带

表 4－6（续）

序号	工程名称施工项目	作业活动	危险因素	可导致事故	作业中危险性评价				危险级别	主要控制措施
					L	E	C	D		
7	土石方工程	机械冲、钻孔灌注桩基础作业	埋设护筒不规范，可能造成坍塌	坍塌	3	3	7	63	4	机械冲、钻孔灌注桩基础作业前需编制专项施工方案；护筒应按规定埋设，以防塌孔和机械设备倾倒
8	土石方工程	锚杆基础作业	机械钻孔不规范	机械伤害	3	3	7	63	4	锚杆基础作业前需编制专项施工方案；风管控制阀操作架应加装挡风护板，并应设置在上风向；吹气清洗风管时，风管端口不得对人；风管不得弯成锐角；风管遭受挤压或损坏时，应立即停止使用
9	土石方工程	人工挖孔桩基础作业	架设垂直运输系统存在缺陷	机械伤害；物体打击	3	3	7	63	4	架设垂直运输支架应有木搭、钢管吊架、木吊架或工字钢导轨支架几种形式，要求搭设稳定、牢固；在处置运输机架上安装滑轮组以及电动葫芦（或穿卷扬机）的钢丝绳，选择适当位置安装卷扬机
10	土石方工程	高压旋喷桩基础作业	旋喷注浆安全措施不到位	机械伤害；触电；其他伤害	3	6	7	126	3	作业中电缆应由专人负责收放；如遇卡钻，应立即切断电源；高压注浆时，作业人员不得在注浆管 3 m 范围内停留；泥浆池必须设围栏，将泥浆池、已浇注桩围栏好并挂上警示标志，防止人员掉入泥浆池中
11	……									

表4-6（续）

序号	工程名称施工项目	作业活动	危险因素	可导致事故	作业中危险性评价				危险级别	主要控制措施
					L	E	C	D		
二、安装施工作业类										
1	接地工程	接地工程施工	接地施工未按要求进行现场作业准备及布置，无防护措施	物体打击；其他伤害	3	1	7	21	4	开挖接地沟时，防止土石回落伤人；焊接时应设专人监护，持证上岗
2	杆塔施工	施工前准备	现场作业准备及布置未采取安全防护措施	机械伤害；物体打击；高处坠落	3	1	7	21	4	填杆塔施工前应编制专项施工方案；工程技术负责人应向所有参加施工作业人员进行安全交底，指明作业过程中的危险点及安全注意事项；接受交底人员必须在交底记录上签字；按作业项目区域定置平面布置，并进行现场布置；起重区域设置安全警戒区
3	杆塔施工	杆塔运输	人力运输安全防护措施不到位	其他伤害	3	3	7	63	4	人力运输所用的抬运工具应牢固可靠，每次使用前应进行检查，不得使用已霉烂的绳索绑扎抬运；人力抬运时，应绑扎牢靠，两人或多人应同肩、同起、同落
4	杆塔施工	钢管杆施工	钢管杆施工未采取防护措施	物体打击；机械伤害	3	6	7	126	3	起重机作业前应对起重机进行全面检查并空载试运转；起重机作业必须按起重机操作规程操作；起重臂及吊件下方必须划定作业区，地面应设安全监护人；指挥人员看不清作业地点或操作人员看不清指挥信号时，不得进行起吊作业

表4-6（续）

序号	工程名称施工项目	作业活动	危险因素	可导致事故	作业中危险性评价				危险级别	主要控制措施
					L	E	C	D		
5	杆塔施工	悬浮抱杆分解组立	吊装塔腿塔片及临时接地无安全防护措施	机械伤害；触电	3	3	7	63	4	定期检查绞磨及接地电阻是否符合要求
6	杆塔施工	起重机吊装立塔	起重机械设备及工器具的选择和杆塔吊装无相应安全技术措施	机械伤害；物体打击；高处坠落	3	6	7	126	3	高塔吊装作业前通知监理旁站；起重机吊装杆塔必须指定专人指挥；加强现场监督，起吊物垂直下方严禁逗留和通行
7	杆塔施工	高塔组立	全高为80 m及以上的杆塔组立安全措施不到位	高处坠落	3	6	7	126	3	高塔作业应增设水平移动保护绳，垂直移动应使用安全自锁器等防坠装置；高处作业人员在转移作业位置时不得失去保护，手扶的构件必须牢固；作业人员上下铁塔应沿脚钉或爬梯攀登；在间隔大的部位转移作业位置时，应增设临时扶手，不得沿单根构件上爬或下滑
8	架线施工	施工前准备	现场作业准备及布置未采取安全防护措施	机械伤害；物体打击；高处坠落	3	3	7	63	4	作业前必须编制施工作业指导书，编审批手续齐全；工程技术负责人应向所有参加施工作业的人员进行安全交底，指明作业过程中的危险点及安全注意事项；接受交底人员必须在交底记录上签字；按作业项目区域定置平面布置，并进行现场布置；起重区域设置安全警戒区

表4-6（续）

序号	工程名称施工项目	作业活动	危险因素	可导致事故	作业中危险性评价				危险级别	主要控制措施
					L	E	C	D		
9	架线施工	跨越公路、铁路、航道作业	一般跨越架搭设和拆除（24 m以下）防护措施不到位	倒塌；公路通行中断；电气化铁路停运；停航；其他伤害	3	3	7	63	4	拆跨越架时应自上而下逐根进行，架片、架杆应有人传递或绳索吊送，不得抛扔，严禁将跨越架整体推倒；当拆跨越架的撑杆时，需要在原撑杆的位置绑手溜绳，避免因撑杆撤掉后跨越架整片倒落；拆除跨越架时应保留最下层的撑杆，待横杆都拆除后，利用支撑杆放倒立杆，做好现场安全监护
10	架线施工	跨越施工	跨越10 kV及以上带电运行电力线路、跨越2级及以上公路	倒塌；物体打击	3	6	7	126	3	编制专项施工方案；严格按批准的施工方案执行；安装完毕后经检查验收合格后方准使用
11	架线施工	跨越施工	跨越高速公路	倒塌；物体打击；公路通行中断	3	6	7	126	3	跨越架的施工搭设和拆除由有资质的专业队伍进行；安装完毕后经检查验收合格后方准使用
12	架线施工	跨越施工	跨越主通航河流、海上主航道	停航；淹溺	3	6	7	126	3	跨越架的施工搭设和拆除由有资质的专业队伍进行；在海事局监督配合下组织跨越施工；安装完毕后经检查验收合格后方准使用

表4-6（续）

序号	工程名称施工项目	作业活动	危险因素	可导致事故	作业中危险性评价				危险级别	主要控制措施
					L	*E*	*C*	*D*		
13	架线施工	跨越电力线施工	停电跨越作业无防护措施	高处坠落； 触电； 电网事故	3	3	7	63	4	按要求办理停电作业票，并严格按照程序进行操作，严禁口头约时停送电；施工结束后，现场作业负责人必须对现场进行全面检查，待全部作业人员（包括工具、材料）撤离杆塔后方可下令拆除接地线，工作接地线一经拆除，该线路即视为带电，严禁任何人再登杆塔进行作业
14	架线施工	绝缘子挂设	挂绝缘子及放线滑车无防护措施	高处坠落； 触电	3	3	7	63	4	安全监护人随时提醒作业人员不得在吊物下方停留或通过
15	架线施工	导引绳展放	人力展放导引绳安全防护措施不到位	高处坠落； 触电	3	3	7	63	4	导引绳展放过程中遇有陡坡、悬崖时，作业人员应将引绳从高处抛下连接导引绳，作业人员绕行通过牵引展放；展放过程中应注意废弃的机井、深坑等；过沼泽或湿陷地段时应严禁用手推拽；展放余线的人员不得站在线圈内或线弯的内角侧

表4-6（续）

序号	工程名称施工项目	作业活动	危险因素	可导致事故	作业中危险性评价				危险级别	主要控制措施
					L	E	C	D		
16	架线施工	无人直升机展放导引绳	无人直升机展放导引绳防护措施不到位	高处坠落； 物体打击； 机械伤害； 坠机； 火灾； 触电	3	6	7	126	3	在起飞场地，非相关人员严禁靠近无人直升机，以免操作时被螺旋桨误伤；起飞场地所有人员应听从测控人员的安排，站在安全的位置；在无人直升机起飞前进行严格检查，且必须进行试飞前操作
17	架线施工	张力放线	牵、张引场布置及地锚坑的埋设不符合规范要求	物体打击； 设备事故； 机械伤害； 触电	3	6	7	126	3	起重机安放必须要有专人负责，在运输途中要随时检查线盘绑扎是否牢固；认真检查工器具，仓库要有工具出库检查试验记录并签字，防止不合格工器具流入作业现场；现场施工人员使用工器具时要再次认真检查确认，不合格者严禁使用
18	架线施工	杆塔附件安装	杆塔附件安装防护措施不到位	物体打击； 其他伤害； 高处坠落	3	3	7	63	4	定期检查附件安装防护措施是否满足规范要求
19	架线施工	间隔棒安装	间隔棒安装不符合规范要求	高处坠落； 触电	3	3	7	63	4	定期间隔棒安装是否符合规范要求
20	架线施工	跳线安装	跳线安装不符合规范要求	高处坠落； 触电； 机械伤害	3	3	7	63	4	作业人员必须对专用工具和安全用具进行外观检查，确认合格后方可使用
21	……									

表4-7 输电工程项目重大风险控制措施参考清单

序号	作业项目名称	作业活动内容	可导致事故	控制措施				
				工程技术措施	管理措施	培训教育措施	个体防护措施	应急处置措施
一、土建专业								
1	土石方工程	掏挖基础基坑开挖（开挖超过 3 m 或 5 m）	坍塌； 触电； 机械伤害； 物体打击	（1）掏挖基础基坑开挖前必须有专项施工方案。 （2）若深度大于 5 m，开挖时通知监理旁站	（1）施工填写安全施工作业票 A；如深度大于 5 m 开挖前应填写安全施工作业票 B。 （2）作业前的交底、作业票中要明确规定基坑内不许多人同时作业，在两人同时作业时不得面对面作业	（1）作业人员经过三级安全教育培训考试合格，办理入场门禁卡，方允许进场。 （2）电工、焊工、起重工等特殊工种经过专业培训，持证上岗，定期开展特殊工种安全再培训工作。 （3）开展班前会、每周安全活动，对施工人员进行培训教育	规范设置供作业人员上下基坑的安全通道（梯子），基坑边缘按规范要求设置安全护栏	（1）现场配备急救箱。 （2）出现人员伤害时，及时采取止血包扎等急救措施，拨打急救电话。 （3）成立应急管理组织机构，制定防坍塌、防触电、防高处坠落、防机械伤害等应急预案，备齐相关应急物资及装备，定期组织开展相关演练，根据需要能够及时启动应急预案
2	土石方工程	岩石基坑开挖	物体打击	岩石基坑开挖前必须有专项施工方案	人工打孔时扶锤人员带防护手套和防尘罩，采取手臂保护措施，打锤人员和扶锤人员密切配合	（1）作业人员经过三级安全教育培训考试合格，办理入场门禁卡，方允许进场。	人工打孔时扶锤人员带防护手套和防尘罩，采取手臂保护措施	（1）现场配备急救箱。 （2）出现人员伤害时，及时采取止血包扎等急救措施，拨打急救电话。

表4-7（续）

序号	作业项目名称	作业活动内容	可导致事故	控制措施				
				工程技术措施	管理措施	培训教育措施	个体防护措施	应急处置措施
2	土石方工程					（2）电工、焊工、起重工等特殊工种经过专业培训，持证上岗，定期开展特殊工种安全再培训工作。 （3）开展班前会、每周安全活动，对施工人员进行培训教育		（3）成立应急管理组织机构，制定防坍塌、防触电、防高处坠落、防机械伤害等应急预案，备齐相关应急物资及装备，定期组织开展相关演练，根据需要能够及时启动应急预案
3	土石方工程	特殊基坑开挖作业	坍塌	（1）编写专项施工方案。 （2）泥沙坑、流沙坑施工中容易塌方，严格按照方案采取挡泥沙板措施	应派专人安全监护，随时检查坑边是否有裂纹出现，做好安全监护	（1）作业人员经过三级安全教育培训考试合格，办理入场门禁卡，方允许进场。 （2）电工、焊工、起重工等特殊工种经过专业培训，持证上岗，定期开展特殊工种安全再培训工作。 （3）开展班前会、每周安全活动，对施工人员进行培训教育		（1）现场配备急救箱。 （2）出现人员伤害时，及时采取止血包扎等急救措施，拨打急救电话。 （3）成立应急管理组织机构，制定防坍塌、防触电、防高处坠落、防机械伤害等应急预案，备齐相关应急物资及装备，定期组织开展相关演练，根据需要能够及时启动应急预案

表4-7（续）

序号	作业项目名称	作业活动内容	可导致事故	控制措施				
				工程技术措施	管理措施	培训教育措施	个体防护措施	应急处置措施
4	土石方工程	水坑、沼泽地、冻土基坑开挖	坍塌	（1）基础基坑开挖前必须有专项施工方案。 （2）若深度大于5 m，开挖时通知监理旁站	（1）施工填写安全施工作业票A；如深度大于5 m，开挖前应填写安全施工作业票B。 （2）作业前的交底、作业票中要明确规定基坑内不许多人同时作业，在两人同时作业时不得面对面作业	（1）作业人员经过三级安全教育培训考试合格，办理入场门禁卡，方允许进场。 （2）电工、焊工、起重工等特殊工种经过专业培训，持证上岗，定期开展特殊工种安全再培训工作。 （3）开展班前会、每周安全活动，对施工人员进行培训教育	规范设置供作业人员上下基坑的安全通道（梯子），基坑边缘按规范要求设置安全护栏	（1）现场配备急救箱。 （2）出现人员伤害时，及时采取止血包扎等急救措施，拨打急救电话。 （3）成立应急管理组织机构，制定防坍塌、防触电、防高处坠落、防机械伤害等应急预案，备齐相关应急物资及装备，定期组织开展相关演练，根据需要能够及时启动应急预案
5	土石方工程	大坎、高边坡基础开挖	物体打击；坍塌；高处坠落	（1）基础基坑开挖前必须有专项施工方案。 （2）若深度大于5 m，开挖时通知监理旁站	（1）施工填写安全施工作业票A；如深度大于5 m，开挖前应填写安全施工作业票B。 （2）作业前的交底、作业票中要明确规定基坑内不许多人同时作业，在两人同时作业时不得面对面作业	（1）作业人员经过三级安全教育培训考试合格，办理入场门禁卡，方允许进场。	规范设置供作业人员上下基坑的安全通道（梯子），基坑边缘按规范要求设置安全护栏	（1）现场配备急救箱。 （2）出现人员伤害时，及时采取止血包扎等急救措施，拨打急救电话。

表4-7（续）

序号	作业项目名称	作业活动内容	可导致事故	控制措施				
				工程技术措施	管理措施	培训教育措施	个体防护措施	应急处置措施
5	土石方工程					（2）电工、焊工、起重工等特殊工种经过专业培训，持证上岗，定期开展特殊工种安全再培训工作。 （3）开展班前会、每周安全活动，对施工人员进行培训教育		（3）成立应急管理组织机构，制定防坍塌、防触电、防高处坠落、防机械伤害等应急预案，备齐相关应急物资及装备，定期组织开展相关演练，根据需要能够及时启动应急预案
6	土石方工程	机械冲、钻孔灌注桩基础作业	坍塌	（1）掏挖基础基坑开挖前必须有专项施工方案。 （2）若深度大于5 m，开挖时通知监理旁站	（1）施工填写安全施工作业票A；如深度大于5 m，开挖前应填写安全施工作业票B。 （2）作业前的交底、作业票中要明确规定基坑内不许多人同时作业，在两人同时作业时不得面对面作业	（1）作业人员经过三级安全教育培训考试合格，办理入场门禁卡，方允许进场。 （2）电工、焊工、起重工等特殊工种经过专业培训，持证上岗，定期开展特殊工种安全再培训工作。 （3）开展班前会、每周安全活动，对施工人员进行培训教育	规范设置供作业人员上下基坑的安全通道（梯子），基坑边缘按规范要求设置安全护栏	（1）现场配备急救箱。 （2）出现人员伤害时，及时采取止血包扎等急救措施，拨打急救电话。 （3）成立应急管理组织机构，制定防坍塌、防触电、防高处坠落、防机械伤害等应急预案，备齐相关应急物资及装备，定期组织开展相关演练，根据需要能够及时启动应急预案

表4-7（续）

序号	作业项目名称	作业活动内容	可导致事故	控制措施：工程技术措施	控制措施：管理措施	控制措施：培训教育措施	控制措施：个体防护措施	控制措施：应急处置措施
7	土石方工程	人工挖孔桩基础作业	坍塌；高处坠落	（1）编写专项施工方案。 （2）挖扩底桩应先将扩底部位桩身的圆柱体挖好，再按设计扩底部位的尺寸、形状自上而下削土。 （3）在扩孔范围内的地面上不得堆积土方。 （4）坑模成型后，应及时浇灌混凝土，否则应采取防止土体塌落的措施	（1）人工挖扩桩孔（含清孔、验孔），凡下孔作业人员均需戴安全帽，腰系安全绳，必须从专用爬梯上下，严禁沿孔壁或乘运土设施上下。 （2）填写安全施工作业票B，作业前通知监理旁站	（1）作业人员经过三级安全教育培训考试合格，办理入场门禁卡，方允许进场。 （2）电工、焊工、起重工等特殊工种经过专业培训，持证上岗，定期开展特殊工种安全再培训工作。 （3）开展站班会、每周安全活动，对施工人员进行培训教育	作业人员正确佩戴个人防护用品并按要求规范使用	（1）现场配备急救箱。 （2）出现人员伤害时，及时采取止血包扎等急救措施，拨打急救电话。 （3）成立应急管理组织机构，制定防坍塌、防触电、防高处坠落、防机械伤害等应急预案，备齐相关应急物资及装备，定期组织开展相关演练，根据需要能够及时启动应急预案
8	土石方工程	高压旋喷桩基础作业	物体打击；高处坠落	（1）高压旋喷桩基础作业前需编制专项施工方案。 （2）安装钻机场地平整，清除孔位及周围的石块等障碍物。 （3）安装前检查钻杆及各部件，确保安装部件无变形。	（1）高处作业须系好安全带，并在桅杆上固定牢固，定期检查。 （2）填写安全施工作业票A	（1）作业人员经过三级安全教育培训考试合格，办理入场门禁卡，方允许进场。 （2）电工、焊工、起重工等特殊工种经过专业培训，持证上岗，	作业人员正确佩戴个人防护用品并按要求规范使用	（1）现场配备急救箱。 （2）出现人员伤害时，及时采取止血包扎等急救措施，拨打急救电话。 （3）成立应急管理组织机构，制

表4-7（续）

序号	作业项目名称	作业活动内容	可导致事故	控制措施				
				工程技术措施	管理措施	培训教育措施	个体防护措施	应急处置措施
8	土石方工程			（4）安装钻杆时，应从动力头开始，逐节往下安装，不得将所需钻杆长度在地面上全部接好后一次起吊安装		定期开展特殊工种安全再培训工作。 （3）开展站班会、每周安全活动，对施工人员进行培训教育		定防坍塌、防触电、防高处坠落、防机械伤害等应急预案，备齐相关应急物资及装备，定期组织开展相关演练，根据需要能够及时启动应急预案
二、安装专业								
9	杆塔组立	起重机吊装立塔	机械伤害；物体打击；高处坠落	（1）起重机吊装立塔编写专项施工方案。 （2）吊装前选择确定合适的场地进行平整，衬垫支腿枕木不得少于两根且长度不得小于1.2 m，认真检查各起吊系统，具备条件后方可起吊。 （3）施工前仔细核对施工图纸的吊段参数（杆塔型、段别组合、段重），严格按照施工方案控制单吊重量，必须检验合格，方可投入使用	（1）高塔吊装作业前通知监理旁站。 （2）起重机吊装杆塔必须指定专人指挥。 （3）加强现场监督，起吊物垂直下方严禁逗留和通行	（1）作业人员经过三级安全教育培训考试合格，办理入场门禁卡，方允许进场。 （2）电工、焊工、起重工等特殊工种经过专业培训，持证上岗，定期开展特殊工种安全再培训工作。 （3）开展站班会、每周安全活动，对施工人员进行培训教育	作业人员正确佩戴个人防护用品并按要求规范使用	（1）现场配备急救箱。 （2）出现人员伤害时，及时采取止血包扎等急救措施，拨打急救电话。 （3）成立应急管理组织机构，制定防触电、防高处坠落、防机械伤害等应急预案，备齐相关应急物资及装备，定期组织开展相关演练，根据需要能够及时启动应急预案

表4-7（续）

序号	作业项目名称	作业活动内容	可导致事故	控制措施				
				工程技术措施	管理措施	培训教育措施	个体防护措施	应急处置措施
10	杆塔组立	高塔组立	高处坠落	（1）编写专项施工方案。 （2）在霜冻、雨雪后进行高处作业，应采取防滑措施	（1）定期检查高塔组立安全防护措施。 （2）填写安全施工作业票B，作业前通知监理旁站	（1）作业人员经过三级安全教育培训考试合格，办理入场门禁卡，方允许进场。 （2）电工、焊工、起重工等特殊工种经过专业培训，持证上岗，定期开展特殊工种安全再培训工作。 （3）开展站班会、每周安全活动，对施工人员进行培训教育	高塔作业应增设水平移动保护绳，垂直移动应使用安全自锁器等防坠装置；高处作业人员在转移作业位置时不得失去保护，手扶的构件必须牢固；作业人员上下铁塔应沿脚钉或爬梯攀登；在间隔大的部位转移作业位置时，应增设临时扶手，不得沿单根构件上爬或下滑	（1）现场配备急救箱。 （2）出现人员伤害时，及时采取止血包扎等急救措施，拨打急救电话。 （3）成立应急管理组织机构，制定防触电、防高处坠落、防机械伤害等应急预案，备齐相关应急物资及装备，定期组织开展相关演练，根据需要能够及时启动应急预案

表4-7（续）

序号	作业项目名称	作业活动内容	可导致事故	控制措施				
				工程技术措施	管理措施	培训教育措施	个体防护措施	应急处置措施
11	架线施工	跨越公路、铁路、航道作业	倒塌； 公路通行中断； 电气化铁路停运； 停航； 其他伤害	（1）编制作业指导书，受力应有计算，由有资质的专业队伍进行施工。 （2）跨越架搭设完应打临时拉线，拉线与地面夹角不得大于60°。 （3）拆跨越架时应自上而下逐根进行，架片、架杆应有人传递或绳索吊送，不得抛扔，严禁将跨越架整体推倒。 （4）当拆跨越架的撑杆时，需要在原撑杆的位置绑手溜绳，避免因撑杆撤掉后跨越架整片倒落。 （5）拆除跨越架时应保留最下层的撑杆，待横杆都拆除后，利用支撑杆放倒立杆，做好现场安全监护	应悬挂醒目的安全警告标志和搭设、验收标志牌	专项安全技术交底	佩戴安全帽、安全带，携带通信、验电、接地、绝缘防护用品及工具等	（1）现场配备急救箱。 （2）出现人员伤害时，及时采取止血包扎等急救措施，拨打急救电话。 （3）成立应急管理组织机构，制定防触电、防高处坠落、防机械伤害等应急预案，备齐相关应急物资及装备，定期组织开展相关演练，根据需要能够及时启动应急预案
12	架线施工	无跨越架跨越架线	高处坠落； 其他伤害	（1）施工前进行工器具试验及外观检查，合格后方准使用。 （2）跨越架搭设至拆除时段的全过程必须设专人看护，随时调整承载索和被跨越物的安全距离，及时	（1）编制专项施工方案，施工单位还需组织专家进行论证、审查。 （2）施工前应向被跨越管理部门申请跨越施工许可证、办理相关手续。	（1）作业人员经过三级安全教育培训考试合格，办理入场门禁卡，方允许进场。 （2）电工、焊工、起重工等特殊工种经过专业培	佩戴安全帽、安全带，携带通信、验电、接地、绝缘防护用品及工具等	（1）现场配备急救箱。 （2）出现人员伤害时，及时采取止血包扎等急救措施，拨打急救电话。

表4-7（续）

序号	作业项目名称	作业活动内容	可导致事故	控制措施				
				工程技术措施	管理措施	培训教育措施	个体防护措施	应急处置措施
12	架线施工			反馈牵引情况，保证牵引绳和导地线及走板不触及防护网。 （3）夜间需加强看护跨越设施，谨防人为破坏。 （4）施工中应经常检查跨越架是否牢固，发现问题及时进行加固处理，确认合格、安全、规范后方可使用	（3）填写安全施工作业票B，作业前通知监理旁站	训，持证上岗，定期开展特殊工种安全再培训工作。 （3）开展站班会、每周安全活动，对施工人员进行培训教育		（3）成立应急管理组织机构，制定防触电、防高处坠落、防机械伤害等应急预案，备齐相关应急物资及装备，定期组织开展相关演练，根据需要能够及时启动应急预案
13	架线施工	跨越10kV及以上带电运行电力线路，跨越2级及以上公路	倒塌；物体打击	（1）编制专项施工方案，严格按批准的施工方案执行。 （2）安装完毕后，经检查验收合格后方可使用	（1）跨越架的施工搭设和拆除由有资质的专业队伍施工。 （2）填写安全施工作业票B，作业前通知监理旁站	（1）作业人员经过三级安全教育培训考试合格，办理入场门禁卡，方允许进场。 （2）电工、焊工、起重工等特殊工种经过专业培训，持证上岗，定期开展特殊工种安全再培训工作。 （3）开展站班会、每周安全活动，对施工人员进行培训教育	佩戴安全帽、安全带，携带通信、验电、接地、绝缘防护用品及工具等	（1）现场配备急救箱。 （2）出现人员伤害时，及时采取止血包扎等急救措施，拨打急救电话。 （3）成立应急管理组织机构，制定防触电、防高处坠落、防机械伤害等应急预案，备齐相关应急物资及装备，定期组织开展相关演练，根据需要能够及时启动应急预案

表4-7（续）

序号	作业项目名称	作业活动内容	可导致事故	控制措施				
				工程技术措施	管理措施	培训教育措施	个体防护措施	应急处置措施
14	架线施工	跨越高速公路	倒塌； 物体打击； 公路通行中断	（1）编制专项施工方案，施工单位还需组织专家进行论证、审查。 （2）严格按批准的施工方案执行	（1）跨越架的施工搭设和拆除由有资质的专业队伍施工。 （2）安装完毕后，经检查验收合格后方可使用。 （3）填写安全施工作业票B，作业前通知监理旁站	（1）作业人员经过三级安全教育培训考试合格，办理入场门禁卡，方允许进场。 （2）电工、焊工、起重工等特殊工种经过专业培训，持证上岗，定期开展特殊工种安全再培训工作。 （3）开展站班会、每周安全活动，对施工人员进行培训教育	佩戴安全帽、安全带，携带交通及通信装备等	（1）现场配备急救箱。 （2）出现人员伤害时，及时采取止血包扎等急救措施，拨打急救电话。 （3）成立应急管理组织机构，制定防触电、防高处坠落、防机械伤害等应急预案，备齐相关应急物资及装备，定期组织开展相关演练，根据需要能够及时启动应急预案
15	架线施工	跨越电气化铁路	倒塌； 触电； 电气化铁路停运	（1）编制专项施工方案，施工单位还需组织专家进行论证、审查。 （2）严格按批准的施工方案执行	（1）跨越架的施工搭设和拆除由有资质的专业队伍施工。 （2）安装完毕后，经检查验收合格后方可使用。 （3）填写安全施工作业票B，作业前通知监理旁站	（1）作业人员经过三级安全教育培训考试合格，办理入场门禁卡，方允许进场。 （2）电工、焊工、起重工等特殊工种经过专业培训，持证上岗，	佩戴安全帽、安全带，携带验电、接地、绝缘防护用品及工具等	（1）现场配备急救箱。 （2）出现人员伤害时，及时采取止血包扎等急救措施，拨打急救电话。

表4-7（续）

序号	作业项目名称	作业活动内容	可导致事故	控制措施				
				工程技术措施	管理措施	培训教育措施	个体防护措施	应急处置措施
15	架线施工					定期开展特殊工种安全再培训工作。 （3）开展站班会、每周安全活动，对施工人员进行培训教育		（3）成立应急管理组织机构，制定防触电、防高处坠落、防机械伤害等应急预案，备齐相关应急物资及装备，定期组织开展相关演练，根据需要能够及时启动应急预案
16	架线施工	跨越主通航河流、海上主航道	停航；淹溺	（1）编写专项施工方案。 （2）严格按批准的施工方案执行	（1）跨越架的施工搭设和拆除由有资质的专业队伍施工。 （2）在海事局监督配合下组织跨越施工。 （3）安装完毕后，经检查验收合格后方可使用。 （4）填写安全施工作业票B，作业前通知监理旁站	（1）作业人员经过三级安全教育培训考试合格，办理入场门禁卡，方允许进场。 （2）电工、焊工、起重工等特殊工种经过专业培训，持证上岗，定期开展特殊工种安全再培训工作。 （3）开展站班会、每周安全活动，对施工人员进行培训教育	配备个人溺水救生装备	（1）现场配备急救箱。 （2）出现人员伤害时，及时采取止血包扎等急救措施，拨打急救电话。 （3）成立应急管理组织机构，制定防触电、防高处坠落、防机械伤害等应急预案，备齐相关应急物资及装备，定期组织开展相关演练，根据需要能够及时启动应急预案

表4－7（续）

序号	作业项目名称	作业活动内容	可导致事故	控制措施				
				工程技术措施	管理措施	培训教育措施	个体防护措施	应急处置措施
17	架线施工	跨越电力线施工	触电； 电网事故	（1）编制专项施工方案，跨越架应有受力计算，强度应足够，能够承受牵张过程中断线的冲击力，施工单位还需组织专家进行论证、审查。 （2）跨越不停电线路时，施工人员严禁在跨越架内侧攀登或作业，并严禁从封顶架上通过。 （3）跨越架、操作人员、工器具与带电体之间的最小安全距离必须符合DL 5009.2—2004《电力建设安全工作规程》第二部分：架空电力线路中的规定。 （4）新建线路的导引绳通过跨越架时，应用绝缘绳作引绳	（1）必须指定专职监护人，明确工作负责人，并严格按照规程要求的安全距离搭设。 （2）监护人必须随时检查搭设情况，发现不符合规定要求的必须立即整改。 （3）按规定办理退重合闸等手续，并征得运行单位同意，施工期间应请运行单位派人现场监督。 （4）填写安全施工作业票B，作业前通知监理旁站	（1）作业人员经过三级安全教育培训考试合格，办理入场门禁卡，方允许进场。 （2）电工、焊工、起重工等特殊工种经过专业培训，持证上岗，定期开展特殊工种安全再培训工作。 （3）开展站班会、每周安全活动，对施工人员进行培训教育	佩戴安全帽、安全带，携带通信、验电、接地、绝缘防护用品及工具等	（1）现场配备急救箱。 （2）出现人员伤害时，及时采取止血包扎等急救措施，拨打急救电话。 （3）成立应急管理组织机构，制定防触电、防高处坠落、防机械伤害等应急预案，备齐相关应急物资及装备，定期组织开展相关演练，根据需要能够及时启动应急预案
18	架线施工	无人直升机展放导引绳	高处坠落； 物体打击； 机械伤害； 坠机； 火灾； 触电	（1）编写专项施工方案；严格按要求开展安全标准化管理工作，规范现场管理。 （2）起、降场所必须设置安全围栏和安	（1）在起飞场地，非相关人员严禁靠近无人直升机，以免操作时螺旋桨误伤。 （2）起飞场地所有人员应听从测控人员	操作人员必须经专业培训合格后，方可上岗操作	佩戴安全帽等	（1）现场配备急救箱。 （2）出现人员伤害时，及时采取止血包扎等急救措施，拨打急救电话。

表4-7（续）

序号	作业项目名称	作业活动内容	可导致事故	控制措施				
				工程技术措施	管理措施	培训教育措施	个体防护措施	应急处置措施
18	架线施工			全警示标志，警示标志应符合有关标准和要求	的安排，站在安全的位置。 （3）在无人直升机起飞前严格进行检查，必须进行试飞前操作。 （4）填写安全施工作业票B，作业前通知监理旁站。 （5）连续多档一次跨越最大长度在3000 m的，必须至少二到三人操作			（3）成立应急管理组织机构，制定防触电、防高处坠落、防机械伤害等应急预案，备齐相关应急物资及装备，定期组织开展相关演练，根据需要能够及时启动应急预案
19	架线施工	张力放线	物体打击；设备事故；机械伤害；触电	（1）编写专项施工方案。 （2）牵、张引场布置符合规范要求。 （3）钢丝绳卷车与牵引机的距离和方位应符合机械说明书要求，且必须使尾绳、尾线不磨线轴或钢丝绳	（1）起重机安放必须要有专人负责，在运输途中要随时检查线盘绑扎是否牢固。 （2）认真检查工器具，仓库要有工具出库检查试验记录并签字，防止不合格工器具流入作业现场。 （3）现场施工人员使用工器具时要再次认真检查确认，不合格者严禁使用。 （4）填写安全施工作业票B，作业前通知监理旁站	（1）作业人员经过三级安全教育培训考试合格，办理入场门禁卡，方允许进场。 （2）电工、焊工、起重工等特殊工种经过专业培训，持证上岗，定期开展特殊工种安全再培训工作。 （3）开展站班会、每周安全活动，对施工人员进行培训教育	配备安全帽、安全带、绝缘防护用品及工具等	（1）现场配备急救箱。 （2）出现人员伤害时，及时采取止血包扎等急救措施，拨打急救电话。

表4-7（续）

序号	作业项目名称	作业活动内容	可导致事故	控制措施				
				工程技术措施	管理措施	培训教育措施	个体防护措施	应急处置措施
19	架线施工							（3）成立应急管理组织机构，制定防触电、防高处坠落、防机械伤害等应急预案，备齐相关应急物资及装备，定期组织开展相关演练，根据需要能够及时启动应急预案
20	架线施工	杆塔附件安装	物体打击；其他伤害；高处坠落	（1）编写专项施工方案。 （2）直线塔附件安装时，必须挂设保安接地线，防止感应电伤害，挂设保安接地线时先挂接地端后挂导线端	定期检查附件安装防护措施是否满足规范要求	安全机制交底、班前会	上下瓷瓶串，必须使用下线爬梯和速差自控器	（1）现场配备急救箱。 （2）出现人员伤害时，及时采取止血包扎等急救措施，拨打急救电话。 （3）成立应急管理组织机构，制定防触电、防高处坠落、防机械伤害等应急预案，备齐相关应急物资及装备，定

表4-7（续）

序号	作业项目名称	作业活动内容	可导致事故	控制措施				
				工程技术措施	管理措施	培训教育措施	个体防护措施	应急处置措施
20	架线施工							期组织开展相关演练，根据需要能够及时启动应急预案
21	架线施工	间隔棒安装	高处坠落；触电	编写专项施工方案；安装间隔棒时，前后刹车卡死（刹牢）后方可进行工作	（1）定期检查间隔棒安装是否合规范要求。 （2）填写安全施工作业票B，作业前通知监理旁站	（1）作业人员经过三级安全教育培训考试合格，办理入场门禁卡，方允许进场。 （2）电工、焊工、起重工等特殊工种经过专业培训，持证上岗，定期开展特殊工种安全再培训工作。 （3）开展站班会、每周安全活动，对施工人员进行培训教育	配备安全帽、安全带、软梯等	（1）现场配备急救箱。 （2）出现人员伤害时，及时采取止血包扎等急救措施，拨打急救电话。 （3）成立应急管理组织机构，制定防触电、防高处坠落、防机械伤害等应急预案，备齐相关应急物资及装备，定期组织开展相关演练，根据需要能够及时启动应急预案

说明：不限于清单中所列作业项目，仅供参考。

表4-8 变电工程项目作业活动和设备设施参考清单

序号	工程名称	作业活动	作业活动内容	岗位/地点	活动频繁	备注
一、土建施工作业类						
1	施工用电	施工用电布设	施工用电布设	土建施工区	特定时间进行	
2	基础工程	人工挖孔灌注桩施工	深度5 m以内循环作业	土建施工区	特定时间进行	
3	基础工程	人工挖孔灌注桩施工	深度5 m至15 m逐层往下循环作业	土建施工区	特定时间进行	
4	基础工程	人工挖孔灌注桩施工	深度15 m及以下逐层往下循环作业	土建施工区	特定时间进行	
5	基础工程	机械冲、钻孔灌注桩施工	埋设护筒	土建施工区	特定时间进行	
6	基础工程	机械冲、钻孔灌注桩施工	桩机就位和钻进操作	土建施工区	特定时间进行	
7	基础工程	机械冲、钻孔灌注桩施工	导管安装与下放及混凝土灌注	土建施工区	特定时间进行	
8	基础工程	预制桩施工	桩基施工	土建施工区	特定时间进行	
9	基础工程	高压旋喷桩施工	旋喷注浆和提升拔管	土建施工区	特定时间进行	
10	结构工程	模板工程	高度超过8 m或跨度超过18 m的模板支撑系统	土建施工区	特定时间进行	
11	结构工程	砌筑工程	主体填充墙砌筑	土建施工区	特定时间进行	
12	结构工程	屋面工程	屋面施工	土建施工区	特定时间进行	
13	结构工程	支架安装	起重机械临近带电体作业	土建施工区	特定时间进行	
14	结构工程	支架安装	A型构架的吊装	土建施工区	特定时间进行	
15	结构工程	支架安装	横梁吊装	土建施工区	特定时间进行	

表4-8(续)

序号	工程名称	作业活动	作业活动内容	岗位/地点	活动频繁	备注
16	结构工程	支架安装	格构式构支架组立	土建施工区	特定时间进行	
17	结构工程	电缆沟道工程	电缆沟挖方	土建施工区	特定时间进行	
18	场平工程	站区四通一平、站区道路工程	高度小于8 m的挡土墙施工	土建施工区	特定时间进行	
19	场平工程	站区四通一平、站区道路工程	高度大于等于8 m的挡土墙施工	土建施工区	特定时间进行	
20	场平工程	站区四通一平、站区道路工程	高边坡(土质边坡高度大于10 m、小于100 m,或岩质边坡高度大于15 m、小于100 m的边坡)	土建施工区	特定时间进行	
二、安装及调试类						
21	电气工程	变电站变压器、电抗器安装	变压器进场	电气施工区	特定时间进行	
22	电气工程	变电站变压器、电抗器安装	变压器套管及附件安装	电气施工区	特定时间进行	
23	电气工程	变电站变压器、电抗器安装	油务处理、抽真空、注油及热油循环	电气施工区	特定时间进行	
24	电气工程	变电站一次设备安装	管母线加工、焊接	电气施工区	特定时间进行	
25	电气工程	变电站一次设备安装	支撑式管母线安装	电气施工区	特定时间进行	
26	电气工程	变电站一次设备安装	悬吊式支撑式管母线安装	电气施工区	特定时间进行	
27	电气工程	变电站一次设备安装	软母线档距测量及下料	电气施工区	特定时间进行	
28	电气工程	变电站一次设备安装	软母线压接	电气施工区	特定时间进行	
29	电气工程	变电站一次设备安装	母线安装	电气施工区	特定时间进行	
30	电气工程	变电站一次设备安装	母线跳线及设备引下线安装	电气施工区	特定时间进行	

表 4-8（续）

序号	工程名称	作业活动	作业活动内容	岗位/地点	活动频繁	备注
31	电气工程	变电站一次设备安装	断路器本体及套管安装	电气施工区	特定时间进行	
32	电气工程	断路器安装	断路器充 SF_6 气体	电气施工区	特定时间进行	
33	电气工程	隔离开关安装与调整	隔离开关本体安装	电气施工区	特定时间进行	
34	电气工程	隔离开关安装与调整	机构箱安装及隔离开关调整	电气施工区	特定时间进行	
35	电气工程	隔离开关安装与调整	互感器、耦合电容器、避雷器安装	电气施工区	特定时间进行	
36	电气工程	隔离开关安装与调整	干式电抗器安装	电气施工区	特定时间进行	
37	电气工程	隔离开关安装与调整	悬挂式阻波器安装	电气施工区	特定时间进行	
38	电气工程	隔离开关安装与调整	座式阻波器安装	电气施工区	特定时间进行	
39	电气工程	其他户外设备安装	站用变压器、消弧线圈、二次设备仓安装	电气施工区	特定时间进行	
40	电气工程	其他户外设备安装	其他设备安装	电气施工区	特定时间进行	
41	电气工程	其他户外设备安装	支吊架、支持绝缘子及金具检查安装	电气施工区	特定时间进行	
42	电气工程	母线桥施工	母线加工	电气施工区	特定时间进行	
43	电气工程	母线桥施工	母线安装	电气施工区	特定时间进行	
44	电气工程	GIS 组合电器安装	户外 GIS 就位	电气施工区	特定时间进行	
45	电气工程	GIS 组合电器安装	户内 GIS 母线及母线筒对接	电气施工区	特定时间进行	
46	电气工程	GIS 组合电器安装	户外 GIS 母线及母线筒对接	电气施工区	特定时间进行	
47	电气工程	GIS 组合电器安装	GIS 套管安装	电气施工区	特定时间进行	

表 4-8（续）

序号	工程名称	作业活动	作业活动内容	岗位/地点	活动频繁	备注
48	电气工程	GIS 组合电器安装	抽真空、充气	电气施工区	特定时间进行	
49	电气工程	开关柜、屏安装	屏、柜就位	电气施工区	特定时间进行	
50	电气工程	开关柜、屏安装	蓄电池安装及充放电	电气施工区	特定时间进行	
51	电气工程	电缆敷设及二次接线	电缆敷设作业准备及装卸	电气施工区	特定时间进行	
52	电气工程	电缆敷设及二次接线	敷设及接线	电气施工区	特定时间进行	
53	电气工程	电缆敷设及二次接线	110 kV 及以上高压电缆敷设	电气施工区	特定时间进行	
54	电气工程	电缆敷设及二次接线	110 kV 及以上高压电缆头制作	电气施工区	特定时间进行	
55	电气调试	电气调试试验	一次电气设备交接试验	调试施工区	特定时间进行	
56	电气调试	电气调试试验	二次设备调试	调试施工区	特定时间进行	
57	电气调试	电气调试试验	一次设备耐压试验	调试施工区	特定时间进行	
58	电气调试	电气调试试验	油浸电力变压器局放及耐压试验	调试施工区	特定时间进行	
59	电气调试	电气调试试验	高压电缆耐压试验	调试施工区	特定时间进行	
60	电气调试	电气调试试验	改扩建工程一次设备试验	调试施工区	特定时间进行	
61	电气调试	电气调试试验	改扩建工程二次设备试验	调试施工区	特定时间进行	
62	电气调试	电气调试试验	系统稳定控制、系统联调试验	调试施工区	特定时间进行	
63	改扩建工程	改扩建施工	土建间隔扩建施工	调试施工区	特定时间进行	
64	改扩建工程	改扩建施工	一次电气设备安装	调试施工区	特定时间进行	

表4-8（续）

序号	工程名称	作业活动	作业活动内容	岗位/地点	活动频繁	备注
65	改扩建工程	改扩建施工	二次电气设备安装	调试施工区	特定时间进行	
66	改扩建工程	改扩建施工	运行屏、柜上二次接线	调试施工区	特定时间进行	
67	改扩建工程	改扩建施工	二次接入带电系统	调试施工区	特定时间进行	
68	改扩建工程	改扩建施工	附属设备安装	调试施工区	特定时间进行	
69	投产送电	验收及设备检查	变电站验收、消缺作业	调试施工区	特定时间进行	
70	投产送电	验收及设备检查	设备检查	调试施工区	特定时间进行	
71	投产送电	验收及设备检查	继电保护装置向量测试	调试施工区	特定时间进行	
三、通用管理类						
72	交通行车	交通行车	现场运输	现场施工区域	特定时间进行	
73	砂轮机的使用	砂轮机的使用	配制材料	现场施工区域	特定时间进行	
74	钢筋加工机械使用	钢筋加工机械使用	加工钢筋	组合加工区	特定时间进行	
75	木加工机械使用	木加工机械使用	加工模板	组合加工区	特定时间进行	
76	使用移动式线轴	使用移动式线轴	连接用电设备	现场施工区域	特定时间进行	
77	照明安装维护	照明安装、维护	检查和检修照明设备	现场施工区域	特定时间进行	
78	风天作业	风天作业（5级以下）	吊装设备材料	现场施工区域	特定时间进行	
79	暑期施工	暑期施工	室外施工作业	现场施工区域	特定时间进行	
80	雨季施工	雨季施工	基坑排水作业	现场施工区域	特定时间进行	
81	冬季施工	冬季施工	检查防冻措施	现场施工区域	特定时间进行	

说明：不限于清单中所列作业项目，仅供参考。

表4-9 变电工程项目作业风险辨识与评价清单（样例）

序号	工程名称 施工项目	作业活动	危险因素	可导致事故	作业中危险性评价				危险级别	主要控制措施
					L	*E*	*C*	*D*		
一、土建施工作业类										
1	施工用电	施工用电布设	架空线路架设及直埋电缆敷设	触电	3	3	7	63	4	（1）低压架空线必须使用绝缘线，架设在专用电杆上，严禁架设在树木、脚手架及其他设施上。 （2）直埋电缆敷设深度不应小于0.7 m，严禁沿地面明设敷设；应设置通道走向标志，避免机械损伤或介质腐蚀；通过道路时应采取保护措施。 （3）直埋电缆的接头应设在防水接线盒内
2	施工用电	施工用电布设	保护接地或接零	触电	3	3	7	63	4	（1）在施工现场专用变压器供电的TN-S三相五线制系统中，所有电气设备外壳应做保护接零。 （2）保护零线（PE线）应由配电室（总配电箱）电源侧工作零线（N线）或总漏电保护器电源侧工作零线（N线）重复接地处专引一根绿黄相色线作为局部接零保护系统的PE线；TN-S系统中的PE线除必须在配电室或总配电箱处做重复接地外，还必须在配电系统的中间处（分配电箱）和末端处（开关箱）做重复接地
3	人工挖孔灌注桩施工	人工挖孔灌注桩施工	深度5 m以内循环作业	坍塌； 中毒窒息	3	3	7	63	4	（1）收工前，应对挖孔桩孔洞做好可靠的安全措施，并设置警示标志。 （2）下孔作业人员必须从专用爬梯上下；在桩孔内上下递送工具物品时，严禁抛掷；操作时上下人员轮换作业，桩孔上人员密切观察桩孔下人员的情况，发现异常立即协助孔内人员撤离，并及时上报。

表 4-9（续）

序号	工程名称施工项目	作业活动	危险因素	可导致事故	作业中危险性评价				危险级别	主要控制措施
					L	*E*	*C*	*D*		
3	人工挖孔灌注桩施工									（3）开挖过程中如出现地下水异常时，立即停止作业并报告施工负责人，待处置完成合格后，再开始作业。 （4）开挖过程中，如遇有大雨及以上雨情时，做好防止深坑坠落和塌方措施后，迅速撤离作业现场
4	场平工程	站区四通一平、站区道路工程	高边坡（土质边坡高度大于 10 m、小于 100 m，或岩质边坡高度大于 15 m、小于 100 m 的边坡）	高处坠落；机械伤害；触电	3	6	7	126	3	（1）高边坡施工尽量避免安排在雨季施工，施工前做好截水沟和排水沟，截断山体水流。 （2）挖土方不得在危岩、孤石下边或贴近未加固的危险建（构）筑物的下方进行；机械多台阶同时开挖，应有安全距离。 （3）在挖掘机旋转范围内不允许有其他作业。 （4）反铲挖掘机作业时，履带距工作面边缘距离应大于 1 m。 （5）当观测到土层有裂缝和渗水等异常时，立即停止作业。 （6）坡面上片石应放置在事先挖好的沟槽内，防止石块滚落。 （7）浆砌片石砌筑过程垂直下方不得有交叉作业。 （8）各种电动机具必须按规定接零接地，并设置单一开关。 （9）坡面防护工程施工应采取必要的安全防护措施

表4-9（续）

序号	工程名称施工项目	作业活动	危险因素	可导致事故	作业中危险性评价				危险级别	主要控制措施
					L	E	C	D		
5	电气工程	变电站变压器、电抗器安装	变压器进场	机械伤害	3	6	7	126	3	（1）进场前必须报送专项就位方案及人员资质证书。 （2）主变压器设备主体顶送过程中，必须设专人指挥。 （3）顶推过程中任何人不得在变压器前进范围内停留或走动。 （4）液压机操作人员应精神集中，要根据指挥人员的信号或手势进行开动或停止，加压时应平稳匀速。 （5）主变就位拆垫块时，作业人员应相互照应，特别是服从指挥人员口令，防止主变压伤人
6	电气工程	变电站变压器、电抗器安装	套管安装	机械伤害；高处坠落	3	6	7	126	3	（1）变压器顶部的油污应预先清理干净；吊车指挥人员宜站在钟罩顶部进行指挥。 （2）高处摘除套管吊具或吊绳时，必须使用高空作业车；严禁攀爬套管或使用起重机械吊钩吊人；高处作业人员必须通过自带爬梯上下变压器。 （3）宜使用厂家专用吊具进行吊装；采用吊车小勾（或链条葫芦）调整套管安装角度时，应防止小勾（或链条葫芦）与套管碰撞。 （4）套管及吊臂活动范围下方严禁站人；在套管到达就位点且稳定后，作业人员方可进入作业区域

表4-9(续)

序号	工程名称施工项目	作业活动	危险因素	可导致事故	作业中危险性评价				危险级别	主要控制措施
					L	E	C	D		
7	电气工程	变电站一次设备安装	悬吊式支撑式管母线安装	机械伤害；高处坠落	3	6	7	126	3	(1) 安装作业前，规范设置警戒区域，悬挂警告牌，设专人监护，严禁非作业人员进人。 (2) 使用吊车吊装时，吊车必须支撑平稳，必须设专人指挥，其他作业人员不得随意指挥吊车司机，不得在吊件和吊车臂活动范围内的下方停留或通过。 (3) 地面的各部转向滑轮设专人监护，严禁任何人在钢丝绳内侧停留或通过
8	电气工程	断路器安装	断路器充 SF_6 气体	中毒	3	3	7	63	4	(1) 使用托架车搬运气瓶时，SF_6 气瓶的安全帽、防振圈应齐全，安全帽应拧紧，应轻装轻卸。 (2) 施工现场气瓶应直立放置，并有防倒和防暴晒措施；气瓶应远离热源和油污的地方，不得与其他气瓶混放
9	电气工程	隔离开关安装与调整	隔离开关本体安装	高处坠落；机械伤害；其他伤害	3	3	7	63	4	(1) 吊装过程中设专人指挥，指挥人员应站在能全面观察整个作业范围及吊车司机和司索人员的位置；任何工作人员发出紧急信号，必须停止吊装作业。 (2) 作业人员搭设平台安装时，平台护栏应安装牢固，支撑点坚固，防止倾倒；安全带系在护栏上。 (3) 使用马凳进行安装时，应将马凳放置牢固并有人扶持；传递工具、材料要使用传递绳，不得抛掷。 (4) 严禁攀爬隔离开关绝缘支柱作业

表4－9（续）

序号	工程名称 施工项目	作业活动	危险因素	可导致事故	作业中危险性评价				危险级别	主要控制措施
					L	E	C	D		
10	电气工程	其他户外设备安装	互感器、耦合电容器、避雷器安装	机械伤害； 物体打击； 其他伤害	3	3	3	27	4	（1）拆除包装时，作业人员必须认真仔细，防止拆箱过程中损坏瓷套，同时还应及时将包装板清理干净，避免伤脚。 （2）用尼龙绳绑扎固定吊索时，必须指定熟练的技工担任，严禁其他作业人员随意绑扎。 （3）司索人员撤离具有坠落或倾倒的范围后，指挥人员方可下令起吊
11	电气工程	其他户外设备安装	站用变、消弧线圈、二次设备仓安装	机械伤害； 高处坠落； 物体打击	3	3	3	27	4	（1）吊装过程中设专人指挥，指挥人员应站在能观察整个作业范围及吊车司机和司索人员的位置；任何工作人员发出紧急信号，必须停止吊装作业。 （2）作业人员不得站在吊件和吊车臂活动范围内的下方
12	电气工程	其他户外设备安装	其他设备安装	机械伤害； 物体打击	3	3	3	27	4	（1）吊装过程中设专人指挥，指挥人员应站在能观察整个作业范围及吊车司机和司索人员的位置；任何工作人员发出紧急信号，必须停止吊装作业。 （2）作业人员不得站在吊件和吊车臂活动范围内的下方
13	电气工程	母线桥施工	支吊架、支持绝缘子及金具检查安装	灼伤； 触电； 物体打击； 高处坠落； 其他伤害	3	3	3	27	4	（1）拆支持绝缘子包装时，作业人员必须认真仔细，防止拆箱过程中损坏绝缘子瓷套，同时还应及时将包装板清理干净，避免伤脚。 （2）地面应设专人监护。 （3）地面工作人员不得站在可能坠物的母线桥下方

表4-9(续)

序号	工程名称 施工项目	作业活动	危险因素	可导致事故	作业中危险性评价				危险 级别	主要控制措施
					L	*E*	*C*	*D*		
14	电气工程	GIS组合电器安装	户内GIS就位	机械伤害； 物体打击； 高处坠落	3	3	3	27	4	(1) GIS就位前，作业人员应将作业现场所有孔洞盖严，避免人员摔伤。 (2) 在用吊车把GIS设备主体吊送至室内通道口的过程中，必须设专人指挥。 (3) 用天吊就位GIS时，操作人员应在所吊GIS的后方或侧面操作。 (4) 牵引前作业人员应检查所有绳扣、滑轮及牵引设备，确认无误后，方可牵引。 (5) 在拆较高大包装箱时，应用人扶住，防止包装板突然倒塌伤人
15	电气工程	开关柜、屏安装	蓄电池安装及充放电	触电； 物体打击	3	3	3	27	4	(1) 施工区周围的孔洞应采取措施，进行可靠的遮盖，防止人员摔伤。 (2) 蓄电池安装过程及完成后室内禁止烟火；作业场所应配备足量的消防器材
16	电气工程	电缆敷设及二次接线	电缆敷设作业准备及装卸	物体打击； 触电； 火灾； 其他伤害	3	3	3	27	4	(1) 卸车时吊车必须支撑平稳，必须设专人指挥，其他作业人员不得随意指挥吊车司机，遇紧急情况时，任何人员有权发出停止作业信号。 (2) 严禁使用跳板滚动卸车和在车上直接将电缆盘推下。 (3) 临时打开的电缆沟盖、孔洞应设立警示牌、围栏

表 4－9（续）

序号	工程名称施工项目	作业活动	危险因素	可导致事故	作业中危险性评价				危险级别	主要控制措施
					L	*E*	*C*	*D*		
17	电气调试	电气调试试验	二次设备调试	触电； 物体打击； 高处坠落； 其他伤害	1	2	3	6	4	（1）试验作业前，必须规范设置安全隔离区域；设专人监护，严禁非作业人员进入；设备试验时，应将所要试验的设备与其他相邻设备做好物理隔离，避免试验带电回路串至其他设备上，导致人身事故。 （2）进行断路器、隔离开关、有载调压装置等主设备远方传动试验时，主设备处应设专人监视，并有通信联络或就地紧急操作的措施
18	电气调试	电气调试试验	一次设备耐压试验	触电； 高处坠落	3	6	7	126	3	（1）设备试验时，应将所要试验的设备与其他相邻设备做好物理隔离，避免试验带电回路串至其他设备上，导致人身事故。 （2）严格遵守《国家电网公司电力安全工作规程（电网建设部分）》，保持与带电高压设备足够的安全距离。 （3）耐压试验应由专人指挥，设置安全围栏、围网，向外悬挂“止步，高压危险！”的警示牌，试验过程设专人监护；设立警戒，严禁非作业人员进入
19	电气调试	电气调试试验	系统稳定控制、系统联调试验	爆炸； 触电； 设备事故； 电网事故	3	6	7	126	3	（1）一次设备第一次冲击送电时，现场应由专人监护，并注意安全距离；二次人员待运行稳定后，方可到现场进行相量测试和检查工作。

表4-9（续）

序号	工程名称施工项目	作业活动	危险因素	可导致事故	作业中危险性评价				危险级别	主要控制措施
					L	E	C	D		
19	电气调试									（2）通电试验过程中，试验人员不得中途离开。 （3）完成各项工作、办理交接手续离开即将带电设备后，未经运行人员许可、登记，不得擅自再进行任何检查和检修、安装工作
20	改扩建工程	改扩建施工	土建间隔扩建施工	机械伤害；触电；电网事故	3	6	7	126	3	（1）机械开挖采用一机一指挥的组织方式。 （2）作业人员、机械设备与带电设备的安全距离满足安全规定要求；作业人员及机械设备严禁穿越安全围栏
21	改扩建工程	改扩建施工	一次电气设备安装	触电；电网事故	3	6	7	126	3	（1）在运行变电站的主控楼作业时，施工作业人员必须经值班人员许可才能进入作业区域，并且在值班人员做好隔离措施后方可作业。 （2）楼内严禁吸烟，非作业人员严禁入内
22	改扩建工程	改扩建施工	附属设备安装	触电；电网事故	3	6	7	126	3	（1）作业人员、机械设备与带电设备的安全距离满足安全规定要求。 （2）附属设施安装前，应对人员做好交底措施，明确作业区域及带电设施隔离范围

表4-9（续）

序号	工程名称施工项目	作业活动	危险因素	可导致事故	作业中危险性评价				危险级别	主要控制措施
					L	E	C	D		
23	投产送电	验收及设备检查	变电站验收、消缺作业	触电； 物体打击； 高处坠落； 其他伤害	3	3	3	27	4	（1）在进行一次设备试验验收前，必须规范设置硬质安全隔离区域，向外悬挂“止步，高压危险！”的警示牌；设专人监护，严禁非作业人员进入。 （2）工作负责人和安全监护人检查作业人员正确使用安全工器具和个人安全防护用品；在验收过程中需要进行高处作业时，应使用竹梯、升降车等符合安全规定的作业设备，作业人员必须用绳索上、下传递工器具。 （3）地面配合人员和验收人员，应站在可能坠物的坠落半径以外。 （4）消缺人员需要对设备进行通电调试时，应经工作负责人同意，并做好防护措施
24	投产送电	验收及设备检查	设备检查	触电； 电网事故	3	3	3	27	4	（1）投产送电时一次设备检查工作每小组应至少有2人及以上工作人员进行，加强监护。 （2）保持与高压设备带电体足够的安全距离。 （3）夜间检查，应配备照明灯具
25	投产送电	验收及设备检查	继电保护装置向量测试	触电； 电网事故	3	3	3	27	4	保护向量测试工作每小组应至少有2人及以上工作人员进行，加强监护
26	……									

说明：不限于清单中所列作业项目，仅供部分作业活动参考。

表 4-10 变电工程项目重大风险控制措施参考清单

序号	作业项目名称	作业活动内容	可导致事故	控制措施				
				工程技术措施	管理措施	培训教育措施	个体防护措施	应急处置措施
一、土建专业								
1	人工挖孔灌注桩施工	深度15 m及以下逐层往下循环作业	坍塌；触电；机械伤害；物体打击	(1) 开挖桩孔应从上到下逐层进行，每节筒深不得超过1 m，先挖中间部分的土方，然后向周边扩挖。 (2) 根据土质情况采取相应护壁措施防止塌方，第一节护壁应高于地面150～300 mm，壁厚比下面护壁厚度增加100～150 mm；桩间净距小于2.5 m时，须采用间隔开挖施工顺序。 (3) 吊运弃土所使用的电动葫芦、吊笼等应安全可靠并配有自动卡紧保险装置，距离桩孔口3 m内不得有机动车辆行驶或停放。 (4) 桩孔深度超过15 m时，设专门向桩孔内送风的设备，风量不得小于25 L/s，且桩孔内设置12 V以下带罩防水功能的安全灯具	(1) 每日作业前，检测桩孔内有无有毒、有害气体，禁止在桩孔内使用燃油动力机械设备。 (2) 每节筒深的土方量应当日挖完；收工前，应对挖孔桩孔洞做好可靠的安全措施，并设置警示标志。 (3) 下孔作业人员必须从专用爬梯上下；在桩孔内上下递送工具物品时，严禁抛掷；操作时上下人员轮换作业，桩孔上人员密切观察桩孔下人员的情况，发现异常立即协助孔内人员撤离，并及时上报。 (4) 开挖过程中如出现地下水异常时，立即停止作业并报告施工负责人，待处置完成合格后，再开始作业。 (5) 开挖过程中，如遇有大雨及以上雨情时，做好防止深坑坠落和塌方措施后，迅速撤离作业现场	(1) 作业人员经过三级安全教育培训考试合格，办理入场门禁卡，方允许进场。 (2) 电工、焊工、起重工等特殊工种经过专业培训，持证上岗，定期开展特殊工种安全再培训工作。 (3) 开展班前会、每周安全活动，对施工人员进行培训教育	作业人员正确佩戴个人防护用品并按要求规范使用	(1) 现场配备急救箱。 (2) 出现人员伤害时，及时采取止血包扎等急救措施，拨打急救电话。 (3) 成立应急管理组织机构，制定防坍塌、防触电、防高处坠落、防机械伤害等应急预案，备齐相关应急物资及装备，定期组织开展相关演练，根据需要能够及时启动应急预案

表 4－10（续）

序号	作业项目名称	作业活动内容	可导致事故	控制措施				
				工程技术措施	管理措施	培训教育措施	个体防护措施	应急处置措施
2	模板工程	高度超过 8 m 或跨度超过 18 m 的模板支撑系统	坍塌；高处坠落；物体打击	（1）模板支撑系统专项方案必须经过专家论证。 （2）使用力矩扳手检查扣件螺栓拧紧力矩值，扣件螺栓拧紧力矩值严格控制在 40～65 N·m 之间	（1）模板顶撑应垂直，底端应平整并加垫木，支撑必须用横杆和剪刀撑固定，支撑处地基必须坚实。 （2）模板支撑不得使用腐朽、扭裂、劈裂的材料，进场的钢管和扣件按规定经行抽检。 （3）作业人员在架子上进行搭设作业时，不得单人进行装设较重的构配件的作业和其他不安全的作业。 （4）支撑架搭设的间距、步距、扫地杆设置必须执行施工方案。 （5）专人监测满堂支撑架搭设过程中架体位移和变形情况。 （6）每个支撑架架体，必须按规定设置两点防雷接地设施。 （7）恶劣天气后，必须对支撑架进行全面检查维护后，方可恢复使用。 （8）接入、移动或检修电气设备时，必须切断电源并做好安全措施后进行	（1）作业人员经过三级安全教育培训考试合格，办理入场门禁卡，方允许进场。 （2）电工、焊工、起重工等特殊工种经过专业培训，持证上岗，定期开展特殊工种安全再培训工作。 （3）开展班前会、每周安全活动，对施工人员进行培训教育	高处作业脚穿防滑鞋、佩戴安全带并保持高挂低用	（1）现场配备急救箱。 （2）出现人员伤害时，及时采取止血包扎等急救措施，拨打急救电话。 （3）成立应急管理组织机构，制定防坍塌、防触电、防高处坠落、防机械伤害等应急预案，备齐相关应急物资及装备，定期组织开展相关演练，根据需要能够及时启动应急预案

说明：不限于清单中所列项目，仅为参考。

4.3.3 城市光伏工程项目

太阳能光伏发电是新兴的可再生能源技术，具有电池组件模块化、安装维护方便、使用方式灵活等特点，已实现产业化应用，成为城市能源建设的重要组成部分。城市光伏模块主要安装在各类建筑的屋顶，或搭建支架进行模块式安装，其施工过程主要以装配为主、土建作业为辅。作为新兴产业，城市光伏工程项目普遍存在施工人员技术不熟练、现场安全管控经验薄弱、装配与土建交叉作业等问题。因此，城市光伏工程项目风险辨识建议采用 LEC 法，充分梳理关键作业活动的位置和频次，辨析存在的设备设施及主要危害因素，提出管控措施。

针对城市光伏工程项目，分别提出作业活动和设备设施参考清单（表 4-11），并针对各类作业活动风险辨识与评价结果进行示例编写（表 4-12），供总承包单位、总承包项目部及承包商单位参考。

表 4-11 光伏工程项目作业活动和设备设施参考清单

序号	工程名称	作业活动	作业活动内容	岗位/地点	活动频繁	备 注
一、土建作业类						
1	土石方工程	基础开挖	支架基层开挖	土建施工区	特定时间进行	
2	支架基层	旋挖桩	安装桩体、回填、压实	土建施工区	特定时间进行	
3		灌注桩	混凝土施工	土建施工区	特定时间进行	
4		水泥桩（钢桩）	水泥桩施工、钢桩制作	土建施工区	特定时间进行	
5	场地、地下设施	现场道路	运输设备和材料	土建施工区	特定时间进行	
6		现场排水	开挖排水沟	土建施工区	特定时间进行	
7	构筑物	综合楼	建筑物施工作业	土建施工区	特定时间进行	
8		升压站	建筑物施工作业	土建施工区	特定时间进行	
9		大门	建筑物施工作业	土建施工区	特定时间进行	

表4-11（续）

序号	工程名称	作业活动	作业活动内容	岗位/地点	活动频繁	备 注
10	构筑物	围墙	建筑物施工作业	土建施工区	特定时间进行	
11		逆变器小室	建筑物施工作业	土建施工区	特定时间进行	
12		变压器小室	建筑物施工作业	土建施工区	特定时间进行	
二、安装及调试类						
13	支架安装	支架安装	焊接、防腐	安装施工区	特定时间进行	
14	光伏组件安装	组件安装	运输、保管	安装施工区	特定时间进行	严禁雨中作业
15		组件安装	固定螺栓，调整角度	安装施工区	特定时间进行	
16			接线、插接件与外接电缆搪锡处理	安装施工区	特定时间进行	严禁雨中作业
17	汇流箱安装	安装前检查	箱内检查，箱内元器件、连接线是否松动	安装施工区	特定时间进行	
18	逆变器安装	运输、吊装	运输和吊装机械选择	安装施工区	特定时间进行	
19		安装设备	安装位置、防水措施	安装施工区	特定时间进行	
20		接地干线焊接	设备安装、焊接作业	安装施工区	特定时间进行	
21		电缆施工	铺设电缆	安装施工区	特定时间进行	
22	电气二次线系统	通信、运动、自动化设备	设备安装	安装施工区	特定时间进行	
23	其他电气设备安装	设备安装	设备安装	安装施工区	特定时间进行	

表4-11（续）

序号	工程名称	作业活动	作业活动内容	岗位/地点	活动频繁	备注
24	防雷接地	接地线安装	接地线安装、焊接	安装施工区	特定时间进行	
25	架空线路与电缆	建临时用电线路	建临时用电系统	安装施工区	特定时间进行	
26	设备与系统调试	光伏组件串测试	组件测试	调试施工区	特定时间进行	
27		插接头安装	组件头安装	调试施工区	特定时间进行	
28	跟踪系统调试	接地、转动	手动调试，设备组件安装	调试施工区	特定时间进行	
29	逆变器调试	设备调试	接地、放电、固定等作业	调试施工区	特定时间进行	
30	二次系统调试	设备调试	设备调试	调试施工区	特定时间进行	
31	其他电气设备调试	设备调试	设备调试	调试施工区	特定时间进行	
32	火灾自动报警系统	设备安装	设备调试	调试施工区	特定时间进行	
三、施工机械类						
33	吊装机械	汽车吊	吊运设备材料	现场施工区	特定时间进行	
34		电动吊	吊运设备材料	现场施工区	特定时间进行	
35	土方机械	挖掘机	土方施工作业	现场施工区	特定时间进行	
36		翻斗车	土方施工作业	现场施工区	特定时间进行	
37		旋挖机	土方施工作业	现场施工区	特定时间进行	

表4-11（续）

序号	工程名称	作业活动	作业活动内容	岗位/地点	活动频繁	备　注
38	加工机械	平刨	加工木材	现场施工区	特定时间进行	
39		圆盘锯	加工木材	现场施工区	特定时间进行	
40		手持电动工器具	配制加工	现场施工区	特定时间进行	
41		钢筋加工及调直机械	钢筋加工	现场施工区	特定时间进行	
42		电焊机	金属焊接	现场施工区	特定时间进行	
43		砂浆搅拌机	墙体作业	现场施工区	特定时间进行	
44		平刨	加工木材	现场施工区	特定时间进行	
45		圆盘锯	加工木材	现场施工区	特定时间进行	
四、临 时 设 施 类						
46	临时设施	办公、住宿设施	临时住房、办公	现场施工区	特定时间进行	
47		食堂	就餐	现场施工区	特定时间进行	
48		仓库	存放物质	现场施工区	特定时间进行	
49	临时用电	接地与接零保护系统	接地线安装	现场施工区	特定时间进行	
50		配电室	供现场临时用电，配电室设备安装	现场施工区	特定时间进行	
51		配电线路	架设线杆，铺设电线	现场施工区	特定时间进行	
52		三级配电箱	供现场临时用电，箱体安装	现场施工区	特定时间进行	

说明：不限于清单中所列作业项目，仅供参考。

表4-12　光伏工程项目作业风险辨识与评价清单（样例）

序号	工程名称施工项目	作业活动	危险因素	可导致事故	作业中危险性评价				危险级别	主要控制措施
					L	*E*	*C*	*D*		
一、土建作业类										
1	土石方工程	基础开挖	边坡放坡比例不够，缺少护坡措施，开挖土石方堆放距离基坑边缘过近	坍塌	1	3	40	120	3	按照方案要求放坡并采取边坡防护措施
2		基础开挖	开挖区域未设护栏、夜间无红色警示灯、夜间危险区域未设照明灯、基坑未设上下人行爬梯	高处坠落	1	6	15	90	3	开挖区域设护栏、夜间设红色警示灯、夜间危险区域照明充足，基坑设上下人行爬梯
3		旋挖桩	桩机使用前未全面检查，存在安全隐患	机械伤害	1	1	15	15	4	桩机使用前全面检查，存在安全隐患及时整改
4			桩基施工区域用电不符合“三相五线制”要求，未做到“一机一闸一保护”	触电	1	3	40	120	3	严格执行“三相五线制”要求，配备专用配电箱，做到“一机一闸一保护”
5		灌注桩	桩机使用前未全面检查，存在安全隐患	机械伤害	3	3	7	63	4	桩机使用前全面检查，存在安全隐患及时整改
6		水泥桩（钢桩）	桩机使用前未全面检查，存在安全隐患	机械伤害	3	3	7	63	4	桩机使用前全面检查，存在安全隐患及时整改
7			桩基施工区域未设置经济隔离区域，无专人监护	机械伤害	3	3	7	63	4	桩基施工区域设置经济隔离区域，专人监护
8	场地、地下设施	现场道路	施工道路使用的挖掘机、装载机等未全面检查，车况不符合安全使用要求	机械伤害	1	3	40	120	4	对使用的挖掘机、装载机等全面检查，车况符合安全使用要求

表4-12（续）

序号	工程名称施工项目	作业活动	危险因素	可导致事故	作业中危险性评价				危险级别	主要控制措施
					L	E	C	D		
9	场地、地下设施	现场排水	现场排水泵使用前未检查，存在安全隐患，人员移动排水设施未穿绝缘装备，未拉闸断电	触电	3	1	15	45	4	现场排水泵使用前检查，确保无问题再使用；人员移动排水设施穿绝缘装备，必须先拉闸断电
10	构筑物	综合楼	在高处进行模板安装、拆除作业无完善防护设施，人员未使用防护用品	高处坠落	1	3	40	120	3	在高处进行模板安装、拆除作业前，设置防护设施并检查验收合格，作业人员按要求使用个人防护用品
11			较大风力、雷雨等恶劣天气进行较大模板安装、拆除作业	物体打击	1	2	15	30	4	较大风力、雷雨等恶劣天气严禁进行较大模板安装、拆除作业
12		升压站	在高处进行模板安装、拆除作业无完善防护设施，人员未使用防护用品	高处坠落	1	6	15	90	3	在高处进行模板安装、拆除作业前，设置防护设施并检查验收合格，作业人员按要求使用个人防护用品
13			混凝土泵车支车处地基不良，支腿处未垫实	机械伤害	1	6	15	90	3	混凝土泵车支车处地基坚实，支腿处按要求垫实
14		大门	在高处进行模板安装、拆除作业无完善防护设施，人员未使用防护用品	高处坠落	1	3	40	120	3	在高处进行模板安装、拆除作业前，设置防护设施并检查验收合格，作业人员按要求使用个人防护用品
15			较大风力、雷雨等恶劣天气进行较大模板安装、拆除作业	物体打击	1	2	15	30	4	较大风力、雷雨等恶劣天气严禁进行较大模板安装、拆除作业

表4－12（续）

序号	工程名称施工项目	作业活动	危险因素	可导致事故	作业中危险性评价				危险级别	主要控制措施
					L	*E*	*C*	*D*		
16	构筑物	围墙	在高处进行模板安装、拆除作业无完善防护设施，人员未使用防护用品	高处坠落	1	3	40	120	3	在高处进行模板安装、拆除作业前，设置防护设施并检查验收合格，作业人员按要求使用个人防护用品
17	构筑物	围墙	混凝土浇筑使用电动振捣棒前未进行检查，操作人员未使用绝缘防护用品，电源线被挤压破损	触电伤害	1	2	15	30	4	电动振捣棒使用前进行检查，操作人员佩戴绝缘防护用品，电源线合理布线，严禁缠绕在脚手管上使用
18	构筑物	逆变器小室	在高处进行模板安装、拆除作业无完善防护设施，人员未使用防护用品	高处坠落	1	3	40	120	3	在高处进行模板安装、拆除作业前，设置防护设施并检查验收合格，作业人员按要求使用个人防护用品
19	……									
二、设备安装类										
20	支架安装	支架安装	使用的工器具未检查检测，无合格标志	物体打击	1	1	40	40	4	使用的工器具检查检测，粘贴合格标志
21	支架安装	支架安装	施工用电未做到“一机一闸一保护”	触电	1	6	7	42	4	施工用电做到“一机一闸一保护”
22	光伏组件安装	组件安装	使用的工器具未检查检测，无合格标志	物体打击	1	1	40	40	4	使用的工器具检查检测，粘贴合格标志
23	汇流箱安装	安装前检查	使用的工器具未检查检测，无合格标志	物体打击	1	1	40	40	4	使用的工器具检查检测，粘贴合格标志

表 4－12（续）

序号	工程名称施工项目	作业活动	危险因素	可导致事故	作业中危险性评价				危险级别	主要控制措施
					L	E	C	D		
24	逆变器安装	运输、吊装	设备运输车辆使用前未检查，带病行车	车辆伤害	1	1	40	40	4	设备运输车辆使用前进行检查，严禁带病行车
25			驾驶人员身体状况不佳，注意力不集中	车辆伤害	1	6	15	90	3	驾驶人员定期检查身体，身体状况符合要求，行车过程中严禁接打电话
26			大件设备捆绑不牢，运输中未按要求进行检查	起重伤害	1	2	15	30	4	大件设备捆绑牢固，运输中按要求进行检查
27		安装设备	使用的工器具未检查检测，无合格标志	物体打击	1	1	40	40	4	使用的工器具检查检测，粘贴合格标志
28		接地干线焊接	施工用电未做到“一机一闸一保护”	触电	1	6	15	90	3	施工用电做到“一机一闸一保护”
29			使用焊机未检测合格，存在安全缺陷	机械伤害	1	3	40	120	3	使用焊机检测合格，符合安全使用要求
30		电缆施工	施工用电未做到“一机一闸一保护”	触电	1	6	15	90	3	施工用电做到“一机一闸一保护”
31			电缆沟内的照明不是 36 V	触电	1	3	40	120	3	电缆沟内的照明电压符合安全电压要求
32			电缆盘运输中滚动	人员伤害	1	1	15	15	4	电缆盘运输中采取有效防止倾倒措施
33			制作电缆头引发火灾	火灾	1	3	40	120	3	制作电缆头动火作业办理动火作业票，采取有效接火措施，配备消防器材

表 4-12（续）

序号	工程名称施工项目	作业活动	危险因素	可导致事故	作业中危险性评价				危险级别	主要控制措施
					L	E	C	D		
34	电气二次线系统	通信、运动、自动化设备	施工用电未做到“一机一闸一保护”	触电	1	2	15	30	4	施工用电做到“一机一闸一保护”
35			高处作业上下通道无安全作业平台，人员未配备安全带	高处坠落	1	3	40	120	3	高处作业设置人员上下通道，设置合格安全作业平台，人员配备安全带并正确使用
36	其他电气设备安装	设备安装	使用的工器具未检查检测，无合格标志	物体打击	1	1	40	40	4	使用的工器具检查检测，粘贴合格标志
37			施工用电未做到“一机一闸一保护”	触电	1	3	40	120	3	施工用电做到“一机一闸一保护”
38			高处作业无完善防护设施，人员未使用防护用品	高处坠落	1	3	40	120	3	高处作业平台或脚手架设置合格，验收后使用，人员正确使用个人防护用品
39	防雷接地	接地线安装	使用的工器具未检查检测，无合格标志	物体打击	1	1	40	40	4	使用的工器具检查检测，粘贴合格标志
40			施工用电未做到“一机一闸一保护”	触电	1	3	40	120	3	施工用电做到“一机一闸一保护”
41			高处作业无完善防护设施，人员未使用防护用品	高处坠落	1	3	40	120	3	高处作业平台或脚手架设置合格，验收后使用，人员正确使用个人防护用品
42			接地带留甩头处伤人，接地钢筋留甩头处伤人	物体打击	1	6	7	42	4	接地带留甩头、接地钢筋留甩头设置隔离防护措施和安全警示标志，防止无关人员靠近
43			交叉垂直作业无防护措施	物体打击	1	2	15	30	4	交叉垂直作业采取隔离防护措施

表4－12（续）

序号	工程名称施工项目	作业活动	危险因素	可导致事故	作业中危险性评价				危险级别	主要控制措施
					L	E	C	D		
44	架空线路与电缆	建临时用电线路	施工用电未做到“一机一闸一保护”	触电	1	3	40	120	3	施工用电做到“一机一闸一保护”
45			高处作业上下通道无安全作业平台，人员未配备安全带	高处坠落	1	3	40	120	3	高处作业设置人员上下通道，设置合格安全作业平台，人员配备安全带并正确使用
46			电缆盘运输中滚动	人员伤害	1	1	15	15	4	电缆盘运输中采取有效防止倾倒措施
47	设备与系统调试	光伏组件串测试	使用的工器具未检查检测，无合格标志	物体打击	1	1	40	40	4	使用的工器具检查检测，粘贴合格标志
48			施工用电未做到“一机一闸一保护”	触电	1	3	40	120	3	施工用电做到“一机一闸一保护”
49			高处作业无完善防护设施，人员未使用防护用品	高处坠落	1	1	40	40	4	高处作业平台或脚手架设置合格，验收后使用，人员正确使用个人防护用品
50		插接头安装	使用的工器具未检查检测，无合格标志	物体打击	1	1	40	40	4	使用的工器具检查检测，粘贴合格标志
51			施工用电未做到“一机一闸一保护”	触电	1	3	40	120	3	施工用电做到“一机一闸一保护”
52			高处作业无完善防护设施，人员未使用防护用品	高处坠落	1	3	40	120	3	高处作业平台或脚手架设置合格，验收后使用，人员正确使用个人防护用品

表4-12（续）

序号	工程名称施工项目	作业活动	危险因素	可导致事故	作业中危险性评价				危险级别	主要控制措施
					L	*E*	*C*	*D*		
53	跟踪系统调试	接地、转动	使用的工器具未检查检测，无合格标志	物体打击	1	1	40	40	4	使用的工器具检查检测，粘贴合格标志
54			施工用电未做到“一机一闸一保护”	触电	1	3	40	120	3	施工用电做到“一机一闸一保护”
55			高处作业无完善防护设施，人员未使用防护用品	高处坠落	1	1	40	40	4	高处作业平台或脚手架设置合格，验收后使用，人员正确使用个人防护用品
56			交叉垂直作业无防护措施	物体打击	1	2	15	30	4	交叉垂直作业采取隔离防护措施
57	逆变器调试	设备调试	调试作业未按要求办理工作票，未严格落实调试措施	触电	1	3	40	120	3	电气设备耐压试验前必须办理作业票，并按照要求做绝缘电阻测量
58			通电试验过程中试验人员中途离开	触电	1	6	15	90	3	通电试验过程中严禁试验人员中途离开
59			试验室没有良好的接地	触电	1	2	15	30	4	试验室采取良好的接地，接地电阻检测符合要求
60			现场试验区没设遮拦，没有监护人监护操作	触电	3	3	7	63	4	现场试验区设遮拦，高压试验设监护人监护操作
61			电气设备耐压试验前不做绝缘电阻测量	触电	3	3	7	63	4	按要求做绝缘电阻测量，合格后方可进行下道工序
62	二次系统调试	设备调试	调试作业未按要求办理工作票，未严格落实调试措施	触电	1	3	40	120	3	电气设备耐压试验前按要求做绝缘电阻测量

表 4-12（续）

序号	工程名称施工项目	作业活动	危险因素	可导致事故	作业中危险性评价				危险级别	主要控制措施
					L	*E*	*C*	*D*		
63	二次系统调试	设备调试	通电试验过程中试验人员中途离开	触电	1	6	15	90	3	通电试验过程中严禁试验人员中途离开
64			试验室没有良好的接地	触电	3	3	7	63	4	试验室采取良好的接地，接地电阻检测符合要求
65			高压试验设备外壳没有接地	触电	1	3	40	120	3	高压试验设备外壳按要求接地，接地电阻检测符合要求
66			被试设备的金属外壳没有接地	触电	1	1	15	15	4	设备的金属外壳按要求接地
67	其他电气设备调试	设备调试	调试作业未按要求办理工作票，未严格落实调试措施	触电	1	3	40	120	3	电气设备耐压试验前按要求做绝缘电阻测量
68			通电试验过程中试验人员中途离开	触电	1	6	15	90	3	通电试验过程中严禁试验人员中途离开
69			试验室没有良好的接地	触电	1	2	15	30	4	试验室采取良好的接地，接地电阻检测符合要求
70			高压试验设备外壳没有接地	触电	1	3	40	120	3	高压试验设备外壳按要求接地，接地电阻检测符合要求
71			被试设备的金属外壳没有接地	触电	1	1	15	15	4	设备的金属外壳按要求接地
72			电气设备耐压试验前不做绝缘电阻测量	触电	3	3	7	63	4	按要求做绝缘电阻测量，合格后方可进行下道工序

表4-12（续）

序号	工程名称施工项目	作业活动	危险因素	可导致事故	作业中危险性评价				危险级别	主要控制措施
					L	*E*	*C*	*D*		
73	火灾自动报警系统	设备安装	使用的工器具未检查检测，无合格标志	物体打击	1	1	40	40	4	使用的工器具检查检测，粘贴合格标志
74			施工用电未做到“一机一闸一保护”	触电	1	3	40	120	3	施工用电做到“一机一闸一保护”
75			高处作业无完善防护设施，人员未使用防护用品	高处坠落	1	1	40	40	4	高处作业平台或脚手架设置合格，验收后使用，人员正确使用个人防护用品
76	……									
三、作业环境类										
77	临建设施	临时办公室	未按照要求配备消防器材	火灾	3	6	3	54	4	按要求配备消防器材
78			临时用电存在死拉乱接现象	触电	1	6	7	42	4	施工用电做到“一机一闸一保护”，严禁私拉乱接
79		搅拌站	搅拌机械未定期检查维护，存在的安全隐患未及时整改处理	机械伤害	1	1	40	40	4	对搅拌站各类机械专人定期检查维护，发现问题及时整改
80			施工用电不符合“三相五线制”要求，未做到“一机一闸一保护”	触电	1	3	40	120	3	施工用电做到“一机一闸一保护”，严禁私拉乱接
81			未按照要求配备消防器材	火灾	3	6	3	54	4	按要求配备消防器材

表 4－12（续）

序号	工程名称施工项目	作业活动	危险因素	可导致事故	作业中危险性评价 L	E	C	D	危险级别	主要控制措施
82	临建设施	木工加工场	未按照要求配备消防器材	火灾	1	6	7	42	4	按要求配备消防器材
83			木加工机械主要安全防护装置缺失	机械伤害	1	1	40	40	4	木加工机械主要安全防护装置齐全、有效
84			施工用电不符合“三相五线制”要求，未做到“一机一闸一保护”	触电	1	3	40	120	3	施工用电做到“一机一闸一保护”，严禁私拉乱接
85		钢筋加工场	未按照要求配备消防器材	火灾	3	6	1	18	4	按要求配备消防器材
86	……									
四、施工机械类										
87	吊装机械	汽车吊	操作人员未持证上岗	起重伤害	1	3	40	120	3	操作人员持证上岗
88			起重机械未定期检查维护，带病运行	起重伤害	1	1	40	40	4	起重机械定期检查维护，发现问题及时整改
89			未遵循起重“十不吊”要求，未严格执行起重作业管理要求	起重伤害	1	3	40	120	3	起重作业严格遵循十不吊”要求，严格执行起重作业管理要求
90		电动吊	未对电动吊定期检查维护，带病运行	起重伤害	3	1	15	45	4	对电动吊定期检查维护，形成检查及维护保养记录，严禁带病运行
91			吊运作业未严格执行相关隔离警示等管理要求，超负荷吊运	起重伤害	1	3	40	120	3	吊运作业严格执行吊运管理要求，严禁超负荷吊运
92			施工用电不符合“三相五线制”要求，未做到“一机一闸一保护”	触电	1	3	40	120	3	施工用电做到“一机一闸一保护”，严禁私拉乱接

表4－12（续）

序号	工程名称施工项目	作业活动	危险因素	可导致事故	作业中危险性评价				危险级别	主要控制措施
					L	E	C	D		
93	土方机械	挖掘机	挖掘机未按照规程要求操作，作业半径区域有人员穿行	起重伤害	1	1	40	40	4	按照规程规范要求操作，作业半径严禁有人通行
94			定期对挖掘机维护保养，发现问题及时整改	机械伤害	3	3	7	63	4	定期检查维护，严禁带病使用
95		翻头车	定期对车况检查维护，发现问题及时整改，严禁带病上路	车辆伤害	1	3	40	120	3	定期对车况检查维护，严禁带病运行
96			超速超载行驶	车辆伤害	3	3	7	63	4	行驶前测定载荷，监测车速
97	加工机械	平刨	安全防护装置缺少	机械伤害	3	3	7	63	4	安全防护装置齐全、有效
98			施工用电不符合“三相五线制”要求，未做到“一机一闸一保护”	触电	1	3	40	120	3	施工用电符合安全使用要求
99			机械使用未按照操作规程要求执行	机械伤害	3	6	3	54	4	人员使用机械严格按照操作规程要求
100		圆盘锯	安全防护装置缺少	机械伤害	3	3	7	63	4	安全防护装置齐全、有效
101			施工用电不符合“三相五线制”要求，未做到“一机一闸一保护”	触电	1	3	40	120	3	施工用电符合安全使用要求
102			机械使用未按照操作规程要求执行	机械伤害	3	6	3	54	4	人员使用机械严格按照操作规程要求

表4-12（续）

序号	工程名称 施工项目	作业活动	危险因素	可导致 事故	作业中危险性评价				危险 级别	主要控制措施
					L	E	C	D		
103	加工机械	手持电动工器具	安全防护装置缺少	机械伤害	3	3	7	63	4	安全防护装置齐全、有效
104			施工用电不符合“三相五线制”要求，未做到“一机一闸一保护”	触电	1	3	40	120	3	施工用电符合安全使用要求
105			机械使用未按照操作规程要求执行	机械伤害	3	6	3	54	4	人员使用机械严格按照操作规程要求
106		钢筋加工及调直机械	安全防护装置缺少	机械伤害	3	3	7	63	4	安全防护装置齐全、有效
107			施工用电不符合“三相五线制”要求，未做到“一机一闸一保护”	触电	1	3	40	120	3	施工用电符合安全使用要求
108			机械使用未按照操作规程要求执行	机械伤害	3	6	3	54	4	人员使用机械严格按照操作规程要求
109		焊机	施工用电不符合“三相五线制”要求，未做到“一机一闸一保护”	触电	1	3	40	120	3	施工用电符合安全使用要求
110			焊机使用未按照操作规程要求执行	机械伤害	3	6	3	54	4	人员使用焊机严格按照操作规程要求
111		砂浆搅拌机	安全防护装置缺少	机械伤害	3	3	7	63	4	安全防护装置齐全、有效
112			施工用电不符合“三相五线制”要求，未做到“一机一闸一保护”	触电	1	3	40	120	3	施工用电符合安全使用要求
113			机械使用未按照操作规程要求执行	机械伤害	3	6	3	54	4	人员使用机械严格按照操作规程要求

表 4－12（续）

序号	工程名称 施工项目	作业活动	危险因素	可导致 事故	作业中危险性评价				危险 级别	主要控制措施
					L	E	C	D		
114	……									
五、临时设施类										
115	临时设施	办公、住宿设施	未按要求配备消防器材，未定期检查	火灾	3	6	1	18	4	按要求配备消防器材，并定期检查维护
116		食堂	未按要求配备消防器材，未定期检查	火灾	1	0.5	1	0.5	4	按要求配备消防器材，并定期检查维护
117		仓库	未按要求配备消防器材，未定期检查	火灾	1	6	1	6	4	按要求配备消防器材，并定期检查维护
118	临时用电	接地与接零保护系统	未按照临时用电管理要求布置，未经过验收就投用	触电	1	3	40	120	3	严格按照《施工用电组织设计》及相关用电管理规定要求布置实施，并经过专业验收合格后方可投用
119		配电室	未按照临时用电管理要求布置，未经过验收就投用	触电	1	3	40	120	3	严格按照《施工用电组织设计》及相关用电管理规定要求布置实施，并经过专业验收合格后方可投用
120		配电线路	未按照临时用电管理要求布置，未经过验收就投用	触电	1	3	40	120	3	严格按照《施工用电组织设计》及相关用电管理规定要求布置实施，并经过专业验收合格后方可投用
121		三级配电箱	未按照临时用电管理要求布置，未经过验收就投用	触电	1	3	40	120	3	严格按照《施工用电组织设计》及相关用电管理规定要求布置实施，并经过专业验收合格后方可投用
122	……									

说明：不限于清单中所列作业项目，仅供部分作业活动参考。

表4－13 其他工程项目作业风险辨识与评价清单（样例）

序号	作业活动名称（或专业）	危险因素分类	危险因素具体描述	可导致的事故	风险级别	控制措施	备注
1	土壤修复施工	开挖坑探	无土方开挖安全施工措施	人员伤害	一般风险	编写土方开挖安全施工措施，报有关部门审批后施工	
2			挖土机械转弯、倒退时不发信号	人员伤害	一般风险	挖土前发警示信号	
3			地下物不明（电缆、管道、坑穴）	触电或坍塌	低风险	施工前探明，处理	
4			操作机械失误	人员伤害	低风险	制定操作规程，专人操作	
5			上下基坑不便	人员伤害	低风险	搭设坡道、台阶、梯子	
6		加热管安装	起吊重物时，吊臂及吊物上有人或有浮置物	人员伤害	一般风险	起吊重物时，吊臂及吊物上严禁有人或浮置物	
7			吊装时偏拉斜拽	机械或吊件损坏	一般风险	对起重人员加强专业培训，起重指挥人员持证上岗	
8		覆盖层施工	砌单片墙超过标准高度	倒塌、人员伤害	低风险	按施工规范砌踏步槎	挡墙砌筑
9			站墙体上清理、勾缝或行走	高处坠落	低风险	严禁站在墙体上从事工作	挡墙砌筑
10			振捣工具电线老化，未漏保，电闸箱不合格	触电	一般风险	施工前检查，加漏保，使用合格闸箱	覆盖层混凝土浇注施工
11			电机防护缺陷，未接地，缺漏保	人员伤害、触电	一般风险	安装防护罩，由电工安装，检查	覆盖层混凝土浇注施工

表 4-13（续）

序号	作业活动名称（或专业）	危险因素分类	危险因素具体描述	可导致的事故	风险级别	控制措施	备注
12	土壤修复施工	覆盖层施工	铁皮铺设过程中施工人员未戴防护手套	人员伤害	一般风险	倒运、铺设过程中需穿戴防护手套	覆盖层铁皮铺设
13			施工用的电动切割工具线缆被铁皮划伤	触电	一般风险	铁皮铺设要求平整；线缆布置走向尽量避开铁皮边缘	
14			施工过程中磕碰加热管道	人员伤害	一般风险	施工前观察作业点环境；过程中注意避让设备、管道	
15			保温层铺设过程中，碎屑吸入人体	人员伤害	一般风险	施工前进行交底，明确风险；作业人员必须佩带防护用品（连体服、口罩、眼罩等）	
16			保温棉材料不合格	火灾	一般风险	严格材料进场验收，使用不燃保温棉材料，现场严禁吸烟	
17		燃烧器安装	燃气管道泄漏	火灾、爆炸	较大风险	施工前进行安全技术交底，阀门位置挂操作牌，确保燃气管道起始位置阀门关闭，以免误操作；施工现场严禁吸烟。动火作业办理动火作业票；燃气管道做好标识，严禁触摸	
18		管道、风机、SVE 设备及烟囱安装	起重机械在输电线路下方或其附近工作，起重臂与电线间距小于安全距离	触电	一般风险	起重臂与输电线路间距小于安全要求时，断电施工	
19			吊装时偏拉斜拽	机械或吊件损坏	一般风险	对起重人员加强专业培训，起重指挥人员持证上岗	

表 4－13（续）

序号	作业活动名称（或专业）	危险因素分类	危险因素具体描述	可导致的事故	风险级别	控制措施	备注
20	土壤修复施工	管道、风机、SVE 设备及烟囱安装	落钩时吊物局部着地引起吊绳偏斜，吊物未固定时松钩	吊件坠落、人员伤害	一般风险	对起重人员加强专业培训，起重指挥人员及司索人员持证上岗；确保吊物固定后再松钩	
21			起重工作区域内无关人员停留或通过，在伸臂及吊物的下方有人员通过或逗留	人员伤害	一般风险	对现场人员加强教育，班组长委派专人现场监护	
22			吊起的重物在空中长时间停留	人员伤害或机械倒塌	低风险	加强专业培训，杜绝吊起的重物长时间在空中停留的现象	
23			风机设备未设置防雨棚	机械设备损坏	一般风险	风机安装就位后及时设置防雨棚，避免雨淋损坏	
24		管道、设备拆除	燃气管道泄漏	火灾、爆炸	一般风险	施工前进行安全技术交底，阀门位置挂操作牌，确保燃气管道起始位置阀门关闭，以免误操作	
25			烟囱拆除过程中烟囱脱钩	烟囱损坏、人员伤害	一般风险	吊索与烟囱连接完好、绷紧，确保安全后再进行下一步操作	
26		混凝土覆盖层破除清理	混凝土碎石掉落	人员伤害	一般风险	建立施工控制区，监护人员与施工机械保持安全距离	
27			混凝土破碎、挖掘设备操作不当	人员伤害	一般风险	建立施工控制区，监护人员与施工机械保持安全距离	
28			混凝土破除过程中碎渣飞溅	人员伤害	一般风险	建立施工控制区，监护人员与施工机械保持安全距离	

表 4-13（续）

序号	作业活动名称（或专业）	危险因素分类	危险因素具体描述	可导致的事故	风险级别	控制措施	备注
29	土壤修复施工	运行维护	设备运行期间误操作，人员触碰高温设备及管道	人员伤害	一般风险	施工前进行安全技术交底、阀门位置挂操作牌，确保燃气管道起始位置阀门关闭，以免误操作；施工现场严禁吸烟；燃气管道做好标识，严禁触摸	
30		土壤修复作业苯化物中毒	场内人员未正确佩戴防护用品	中毒	一般风险	加强安全教育，正确佩戴防护用品	
31	市政工程施工	路面工程	个人违章操作搅拌机	机械伤害	低风险	加强教育培训工作，严格按照操作规程进行作业	
32			垂直运输时掉物	物体打击	一般风险	加强现场吊具的检查，员工需佩戴安全帽作业并设置隔离装置和警示标志，严禁无关人员进入	
33			沥青路面施工烫伤	人员伤害	一般风险	编制专项施工方案并进行技术交底,施工企业应有专人监护	
34			地下物不明（电缆、管道、坑穴）	人员伤害	低风险	施工前需探明地下电缆、管道、坑穴的情况，并及时处理或修改施工方案，编制爆炸、火灾、水灾等应急预案	
35			砼振动棒漏电	触电	低风险	做好机械检查;加强专业培训	
36			粉尘、噪声	人员伤害	一般风险	注意行人安全；设隔离措施；设警示标志	

表 4-13（续）

序号	作业活动名称（或专业）	危险因素分类	危险因素具体描述	可导致的事故	风险级别	控制措施	备注
37	市政工程施工	桥涵工程	墩台基坑开挖边坡放坡不足	坍塌	一般风险	基坑开挖时应编制施工组织设计，经批准后严格按施工组织设计施工	
38			基坑边缘堆物	坍塌	一般风险	槽、坑、沟 1 m 范围内不准堆土、堆料、停放机具	
39			基坑临边未设防护	高处坠落	较大风险	槽、坑、沟深度超过 2 m 时，必须在边沿处设置不低于 1.2 m 的防护栏	
40			模板垂直运输中掉落	物体打击	低风险	对作业人员进行安全教育和安全交底；操作人员必须持证上岗，严格按照操作规程操作；定期做好维修、保养	
41			模板支拆时脚手架不稳	坠落、坍塌	较大风险	编制搭拆方案并经公司总工审批，大型模板支撑必须报安监站备案，并指派经过培训的人员进行监控，并做好记录，设置警戒区；模板支拆前对木工、架工进行安全教育、安全技术交底；模板支拆人员严格按操作规程（作业指导书）操作；派专人对刚度、稳定性进行复核，支撑完后必须进行验收，验收合格后方能交付使用	

表 4－13（续）

序号	作业活动名称（或专业）	危险因素分类	危险因素具体描述	可导致的事故	风险级别	控制措施	备注
42	市政工程施工	桥涵工程	模板、卡具等使用存放不当	物体打击	一般风险	脚手架及结构临边严禁堆放物料，且脚手架应封闭严密，斧头、锤子、钢钎等工具应放在工具袋内	
43			桩基施工防护不规范	高处坠落	一般风险	施工时有规定要求的防护措施，桩孔四周有防护栏杆；有安全标志及警示标志	
44			钢筋加工违章作业	机械伤害	一般风险	检查；作业前交底	
45			钢筋搬运	人员伤害	低风险	轻拿轻放，规范作业，注意安全，戴好防护手套	
46			钢筋焊接无警示	灼烫	一般风险	设警示区	
47			焊区边有易燃物	火灾	一般风险	严禁烟火，严禁存放易燃易爆品；配齐消防器材；操作人员配带好个人防护用品	
48			梁板吊装时失稳	物体打击	较大风险	吊装时应把吊物绑牢固；信号工及吊装司机必须持证上岗，密切配合，严格遵守“十不吊”规定；被吊物严禁从人上方通过，人员严禁在被吊物下方停留；经常检查吊索具，并且保持安全有效；遇有 6 级以上强风、大雨、大雾等天气严禁吊物	
49			钢绞线松放违章作业	物体打击	一般风险	严格按规范施工；操作人员佩戴安全帽；检查固定钢绞线的钢管架	

表 4－13（续）

序号	作业活动名称（或专业）	危险因素分类	危险因素具体描述	可导致的事故	风险级别	控制措施	备注
50	市政工程施工	桥涵工程	先张法钢绞线张拉滑丝	物体打击	低风险	严格按规范施工；操作人员佩戴安全帽；检查固定钢绞线的钢管架	
51			后张法钢绞线张拉滑丝、锚具破裂	物体打击	一般风险	严格按规范施工；操作人员佩戴安全帽；检查固定钢绞线的钢管架	
52			木工电锯无防护	机械伤害	低风险	确保木工电锯防护设施完整、有效	
53			木工加工区有明火	火灾	低风险	严禁烟火，严禁存放易燃易爆品，配齐消防器材	
54			易燃易爆品存储不合规	爆炸、火灾	一般风险	严禁烟火，严禁存放易燃易爆品，配齐消防器材	
55			混凝土高处浇筑无防护	高处坠落	一般风险	竖向浇注时作业面应设牢固操作平台，周边设防护栏杆，脚手板铺设严密	
56			桥面防水卷材施工热沥青作业防护不当	人员伤害	一般风险	有具体的施工操作规程，工人作业经专项交底，并配备有安全防护用品	
57			浆砌石块、片石滚落	物体打击	低风险	规范作业，注意安全	
58			车辆行驶环境不良	机械伤害	一般风险	司机应按安全技术操作规程操作，并持证上岗；根据作业环境制定相应的安全技术措施；现场设专人指挥；无关人员不得进入车辆操作范围	

表 4－13（续）

序号	作业活动名称（或专业）	危险因素分类	危险因素具体描述	可导致的事故	风险级别	控制措施	备注
59	市政工程施工	桥涵工程	临时照明漏电、短路、乱接线	触电	一般风险	严格按施工用电规范执行；制定各种规章制度，杜绝违规用电事故的发生	
60			机械设备电线老化无可靠接地	触电	一般风险	严格按施工用电规范执行；制定各种规章制度，杜绝违规用电事故的发生	
61			机械设备失稳、倒塌	机械伤害	一般风险	严格按照各种设备安全操作规程进行操作；定期检查维护机械设备；操作人员必须持证上岗	
62			架空线路下吊装作业	物体打击	较大风险	对起重人员加强专业培训，起重指挥人员持证上岗；吊装区域设警戒；专人监护、旁站监督	
63			机械使用无证、违章操作	机械伤害	一般风险	操作人员持证上岗；严格按操作规程操作；定期检查	
64		廊道施工	人孔上下、投料孔作业	高空坠落、中毒与窒息	较大风险	制定安全措施，办理受限空间施工作业票；专人监护；定期检测作业区域有毒有害气体浓度并做好通风	
65			管廊内作业	触电、中毒与窒息	较大风险	做好区域内通风、照明，明确区域负责人每日监督作业情况；制定安全措施，办理受限空间施工作业票	

说明：不限于清单中所列项目，仅供部分作业活动参考。

4.3.4　其他工程项目

城市其他类型的工程项目，除了房屋建设项目外，主要应当关注土壤修复施工和市政工程施工，例如覆盖层施工、道路函桥等。这类工程项目技术相对较为简单，但仍旧存在施工人员技术不熟练、现场安全管控不到位等问题。特别是由于相对风险较低，部分工程项目在安全管理工作方面疏忽大意，导致重复性事故频繁发生。因此，城市其他类型的工程项目也建议采用 LEC 法，充分梳理关键作业活动的位置和频次，辨析存在的设备设施及主要危害因素，提出管控措施。针对城市其他类型的工程项目，提出了各类作业活动风险辨识与评价结果示例（表 4 - 13），供总承包单位、总承包项目部及承包商单位参考。

5 风险管控清单应用

5.1 应用与告知

5.1.1 辨识清单应用

作业风险辨识与评价清单是指导工程项目全过程风险辨识与评价、风险管控的基础性文件。

可以按月开展作业风险辨识与监督工作。根据工程作业活动、进度计划，由相关方单位项目总工和专业人员结合月度施工计划和施工作业内容对本月存在的重大安全风险、作业进行辨识，形成本单位月度重大风险作业及控制措施清单，并于每月报建设工程项目部，由项目总工组织风险管控领导小组审核，报总承包企业批准，当月在现场发布重大风险预警预控信息。

相关方单位工程专业人员在编制施工方案时应先根据施工的工序、方法、进度，对可能产生的风险进行辨识和评价，形成风险级别清单；然后依据清单中的风险内容编写安全措施和安全技术交底内容（可参考风险辨识库中的数据）。

施工方案审批后，由编制方案的专业技术人员，对方案中的风险辨识和管控措施进行全员安全技术交底。交底时需要全员参加、签字并注明本人工种。

5.1.2 风险公示告知

应建立重大风险公示、告知制度。公示、告知可以采用现场告知、书面告知。

现场告知可以通过设立公示牌、标识牌、安全警示标志、二维码等方式进行。工程项目应至少对1级风险（重大风险）进行公示。在施工现场醒目位置（如工地大门两侧或人员出入口处）设置“重大风险公示牌”，公示牌应注明风险点、危险源、风险级别、可能出现的后果、控制措施（应包括应急处置措施）、管控层级和责任人等内容。相关方单位对1级风险（重大风险）在本施工作业区域设置标识牌进行告知，对2级风险在施工部位设置标示牌进行告知。标识牌应注明风险点、危险源、风险级别、可能出现的后果、控制措施（应包括应急处置措施）、管控层级和责任人等内容。标识牌应根据危险源风险级别对应的颜色分色标示。对1级、2级风险的危险源还应当设置安全警示标志。安全警示标志必须符合国家标准，重点部位（如"危大"工程施工区、吊装区、安装区；施工升降机操作室、塔式起重机操作室或起重机械周围安全护栏上）风险告知除需设置安全警示牌外，还可设置二维码，二维码应包含风险点、危险源的管控内容，员工能通过手机扫描二维码掌握风险相关内容。

书面告知可以采用告知卡、安全技术交底、班前会等多种形式。对承包商项目部管理人员、施工作业人员宜采用发放风险告知卡形式进行告知。告知卡应包含本岗位涉及的风险点、危险源、风险级别、可能出现的后果、控制措施（应包括应急处置措施）、管控层级和责任人等内容。施工方案的安全技术交底包含风险告知的内容，需告知风险点、危险源、风险级别、可能出现的后果、控制措施、管控层级和责任人等内容。

总承包企业应结合工程项目月度重大风险辨识与控制清单的重点内容，每周针对重大风险控制措施落实情况进行专项检查。对检查中发现的问题，应以《安全检查通报》形式下发各部门、各相关方单位，要求其进行举一反三的自查整改。

5.1.3 风险辨识数据应用

1. 改进管理标准

项目各相关方单位要结合危害辨识与风险评价结果，将风险控制措施中的管理措施和现有的管理标准进行对照，对于行之有效的风险管控措施，要以制度、标准的形式使其固化下来，以实现管理标准的持续改进。

2. 改进作业危险辨识

项目编制或审核作业指导书和专项施工方案时，其中危害辨识与控制措施部分可依照项目风险数据库进行，某些固定施工作业可直接引用风险数据库中的相关内容，实现作业过程中风险的控制。

3. 改进安全教育培训

通过风险数据库找到由于人员安全生产技能不高或安全生产意识淡薄而导致的风险，开展有针对性地基于风险的安全教育培训，从而达到控制风险的目的。

同时，还要将风险数据库用于新员工三级安全教育、员工日常安全培训和安全学习活动中，进而提高员工辨识风险、控制风险的能力。

4. 建立项目风险辨识数据库

有计划地收集各工程项目风险辨识与评价清单，不断补充完善更新各类项目辨识数据，建立风险预警预测信息数据库，利用风险辨识数据为风险预警和安全风险管控提供准确的决策依据。

5.2 监督检查

总承包项目部应当以危险有害因素辨识和风险评估为基础，按照安全风险分级管控清单风险等级，组织相关责任部门和责任人等，制定有针对性的日常安全检查表，按照一定频次开展危险有害因素管控措施落实情况的监督检查。

原则上，1 级风险的管控措施包括每天检查不得少于 2 次，2 级风险的管控措施包括每天检查不得少于 1 次，3 级风险的管控措施包括每周检查不得少于 1 次。

在日常安全检查中，凡发现管控措施失效时，应当立即按照企业相关安全管理制度上报，并作为安全隐患登记建档，实施安全隐患治理，落实闭环管理要求，确保风险处于可控状态。

5.3 风险动态管理

5.3.1 动态风险管控

总承包项目部要重点关注变更和检维修环节，人员、机器、环境、管理等方面动态风险的辨识、评估、分级和管控工作。

当正在进行中的作业涉及 1 级风险对应的危险因素时，如未明确相应管控措施的，应当立即暂停作业。当正在进行中的作业涉及 2 级风险对应的有害因素时，如未明确相应管控措施的，应当立即采取应急措施。

应将特殊作业风险辨识、评估和分级管控工作作为安全作业证审批的一项重要内容，并督促监护人员在作业中实施全过程风险管控。

5.3.2 持续改进

应当结合工程项目安全风险管控体系运行自评工作，每年开展至少 1 次安全风险辨识、评估、分级管控工作。在生产工艺、设备设施、作业环境、人员和管理体系等发生变化和发生事故时，应当立即开展辨识、评估、分级管控工作。

应当按照实事求是的原则，每年确认工程控制、安全管理、个体防护、应急处置等新增管控措施的有效性，持续降低风险级别。

6 风险管控体系运行评估

6.1 评估要素设置

6.1.1 查评要素

以《企业安全生产标准化基本规范》（GB/T 33000—2016）的核心要素为基础，结合各类城市建设工程项目现场安全风险管控实际情况，共设置一级要素7项、二级要素56项。

6.1.2 分值设置

按1000分设置得分点，并实行扣分制。在二级要素中可累计扣分，直到该扣分要素标准分值扣完为止，不出现负分。

总分1000分，7个一级要素的分值为：基础管理220分、机械设备60分、作业管理360分、作业行为200分、职业健康70分、事故和应急50分、持续改进40分，见表6－1。

表6－1 评估要素分值设置表

序 号	要 素	分 值
1. 基础管理		220
1.1	机构和职责	20
1.2	法律法规获取	15
1.3	承诺与目标	15
1.4	领导带班值班	15
1.5	安全费用管理	15
1.6	安全培训管理	20
1.7	班组安全管理	15
1.8	档案管理	10

表6-1（续）

序　号	要　素	分　值
1.9	相关方管理	15
1.10	分包管理	20
1.11	开工条件	15
1.12	警示标志	15
1.13	文明策划	20
1.14	智能信息	10
2. 机械设备		60
2.1	管理体系	15
2.2	准入管理	10
2.3	安拆管理	20
2.4	运行管理	15
3. 作业管理		360
3.1	作业安全	20
3.2	辨识与隐患	20
3.3	重大危险源	15
3.4	安全技术	20
3.5	“危大”工程	20
3.6	安全交底	20
3.7	变更安全	15
3.8	安全许可	20
3.9	安全设施	15
3.10	受限空间	20
3.11	施工用电	20
3.12	脚手架管理	20
3.13	消防管理	20
3.14	道路与交通	15
3.15	办公生活营地	20
3.16	防洪度汛	10
3.17	边坡与深基坑	15

表6－1（续）

序号	要素	分值
3.18	洞室作业	15
3.19	调试、试运	20
3.20	监测预警	20
4. 作业行为		200
4.1	高处作业	20
4.2	交叉作业	20
4.3	起重作业	20
4.4	焊接与切割	20
4.5	张力架线	15
4.6	临近带电体	15
4.7	动火作业	20
4.8	射线作业	20
4.9	化学清洗	15
4.10	危险化学品	20
4.11	爆破作业	15
5. 职业健康		70
5.1	职业健康	30
5.2	防护用品	20
5.3	食卫管理	20
6. 事故和应急		50
6.1	应急管理	25
6.2	事故管理	25
7. 持续改进		40
7.1	绩效评定	25
7.2	持续改进	15
合　计		1000

6.1.3　不适用项

自查自评时若本项目未涉及某一要素，可按“不适用项”处理，用总分

1000分减掉要素分数。在报告中列出不适用项并且减掉要素分数，并给予说明。

6.1.4 得分换算

按百分制设置最终得分，其换算公式如下：评定得分＝[各项实际得分之和/(1000－各不适用项分值之和)]×100。最后得分采用四舍五入，保留一位小数。

6.1.5 检验达标级别设置

检验达标设置两个层级：一级检验运行达标项目部和二级检验运行达标项目部。

各要素标准分值换算后的分值为100分，工程项目评分达到90分及以上为一级，达到80分及以上为二级。二级检验达标项目部达标两年的，第三年应提升到一级检验达标项目部。

6.1.6 自评申报条件

自评申报应当满足如下四个条件：

（1）工程项目核准、审批程序合法、有效。

（2）工程项目申报前无发生重伤、死亡、直接经济损失100万元以上及社会影响较大的生产安全事故。

（3）工程项目在各级抽查检查中，无重大事故隐患。

（4）工程项目未被列入总承包企业或当地政府部门“黑名单”。

6.2 检验达标方法

6.2.1 项目部自评

总承包项目部开展运行检验自评工作时需要发布组织领导机构名单，编制自查自评工作方案。按要求召开首、末次会议，并做好相关记录。运行检验达标自查自评结束后，编写运行检验达标自查自评报告（图6－1），上报总承包上级管理单位审查备案。

运行检验达标自查自评报告的内容应当包括如下几部分：

（1）前言。

（2）工程项目概况。

（3）安全生产管理及绩效。

项目安全风险管控标准运行检验

自查自评报告

批准人：

审核人：

编制人：

项目名称：________________

项目类型：________________

自评得分：________ 级别：________

自评日期：________________

图6－1　自查自评报告封面样例

（4）自查自评情况（按7项要素分别描述）。

（5）存在的主要问题及整改计划（表6－2）。

（6）自查自评结论。

表6－2　运行检验达标自查自评问题整改计划表

序号	标准序号	问题描述	整改措施	计划时间	责任部门/单位	责任人	配合部门	配合人	备注

编制人：　　　　审核人：　　　　批准人：

6.2.2　达标检验

总承包企业组织检验达标自查自评工作时，对工程项目施工现场、资料进行查验，采用会议、访谈等形式对工程项目检验达标开展过程进行符合性验证。

总承包企业组织对运行检验达标工程项目抽查，一级达标项目抽查比例不低于30%，二级达标项目抽查比例不低于50%。

现场抽查项目时，抽查人员按照自查自评的查评表要素内容，采取查阅资料、看文件、座谈、询问、观察等方式，复核“安全风险管控标准运行检验自查自评查评表”自评打分的准确性。可根据抽查查评时发现的报告中未查到的问题减扣分，列出问题清单。

抽查结果分两种：通过和不通过。对通过的工程项目，下发抽查通过通知单，附本次抽查过程中的问题清单，要求限期完成整改、闭合；在总承包企业安全管理文件上公示，参加相关安全方面评比，授牌或证书。对不通过的工程项目，下达抽查整改通知单，附本次抽查过程中的问题清单，要求限期完成整改、闭合；要求其限期整改和确定重新申报时间，超过重新上报期限的取消达标资格，根据相关规定给予考核。

6.3 查评组织流程

工程项目正式开工后，总承包项目部每年至少组织开展一次本工程项目（含相关方单位）运行检验自查自评活动，并向总承包企业上报自查自评报告。

总承包企业每年根据各项目部上报的自查自评报告，确定抽查工程项目名单，负责组织抽查工作。总承包企业的运行检验领导小组每年年底应当组织相关部门、人员，审查各项目部上报的自查自评查评报告，确认查评达标级别结论意见，并组织相关部门、专家对备案通过的一级达标项目进行审核、确认，公示、授牌。

6.4 自查自评频次

工程项目项目周期超过1年的，每年进行1次自查自评；周期小于1年的，至少进行1次自查自评。

6.5 达标查评对象

达标查评对象：总承包项目部、部门；施工单位（含相关方单位）的项目部、部门、班组。

6.6 达标结果公示

总承包企业组织相关安全评审专家成立考评组，由考评组审核各工程项目达标情况、确认达标项目，将结果在公司内公示，作为年终安全业绩考核依据和评选安全先进集体和个人的条件。

6.7 取消达标评审资格条件

当存在如下条件时，将被取消达标评审资格：

（1）被发现在评审过程中提交的申请材料不真实的。

（2）迟报、漏报、瞒报、谎报生产安全事故的。

（3）工程项目发生重伤、死亡、直接经济损失100万元以上及社会影响较大的生产安全事故的。

（4）在应急管理部门或者其他负有安全生产监督管理职责的部门的抽查检

查中，发现存在重大事故隐患并且未采取有效措施防控和消除的。

（5）因存在安全管理问题而被公司、上级单位或当地政府部门列入“黑名单”的。

（6）存在其他应当取消达标评审情形的。

被取消达标资格的工程项目，在公司和项目内部公示，并被收回达标牌匾或证书。自取消资格之日起满 1 年后，经审查同意后，方可重新申请达标评审资格。

7 评估要素管理建议

7.1 总体管理建议

为了便于城市建设工程项目安全分级管控及评估工作开展，提升工程项目综合安全管理工作的规范化、有效性，本《指南》针对工程项目应编制的安全管理制度文件、应急管理文件等列出建议清单，提出需特殊考量的各类分部分项工程及设备设施分类建议，并设计日常检查及特殊检查通用性的记录表及整改验证表，供工程项目总承包单位、总承包项目部、承包商单位在日常安全管控中参考。

7.2 制度文件信息

7.2.1 基本安全管理制度建议清单

完善的安全管理制度是工程项目安全管理的基础，其能够充分确立工程项目在生产安全工作方面的基本遵循，推进工程项目现场安全管理的规范性，有助于总承包单位、总承包项目部、承包商单位落实全员安全生产责任制，提升安全管理水评，助力工程项目安全风险管控工作进一步向标准化迈进。

工程项目部应建立的基本安全管理制度，包括但不限于以下内容：

（1）安全生产委员会工作制度。

（2）安全生产责任制及考核制度。

（3）安全宣传教育培训制度。

（4）安全工作例会制度。

（5）安全生产费用管理制度。

（6）分包安全管理制度。

（7）安全施工措施交底制度。

（8）安全施工作业票管理制度。

（9）文明施工管理制度。

（10）施工机械、工器具安全管理制度。

（11）脚手架搭拆、验收、使用管理制度。

（12）临时用电管理制度。

（13）消防保卫管理制度。

（14）交通安全管理制度。

（15）安全检查及隐患排查治理管理制度。

（16）特种作业人员管理制度。

（17）危险源、有害因素辨识与控制管理制度。

（18）现场安全设施和防护用品管理制度。

（19）应急管理制度。

（20）事故调查、处理、统计、报告制度。

7.2.2　应急预案建议清单

应急预案能够协助工程项目现场有序应对突发事件，最大程度减少突发事件及其造成的损害，使突发事件应对处置的各个环节有章可循。特别是，应急预案的编制过程有助于识别风险隐患，了解突发事件的发生机理，确定应急救援的范围和体系，其也是风险管控的重要工作之一。

1. 专项应急预案建议清单

工程项目部应编制的专项应急预案包括但不限于以下内容：

（1）人身伤亡事故专项应急预案。

（2）垮（坍）塌事故专项应急预案。

（3）火灾、爆炸事故专项应急预案。

（4）触电事故专项应急预案。

（5）机械设备突发事件专项应急预案。

（6）食物中毒专项应急预案。

（7）恶劣天气专项应急预案。

（8）急性传染病专项应急预案。

（9）交通事故专项应急预案。

（10）地质灾害专项应急预案。

（11）洪水灾害专项应急预案。

2. 现场应急处置方案建议清单

承包商单位现场应急处置方案包括但不限于以下内容：

（1）人身伤亡事故现场应急处置方案。

（2）垮（坍）塌事故现场应急处置方案。

（3）火灾、爆炸事故现场应急处置方案。

（4）触电事故现场应急处置方案。

（5）机械设备突发事件现场应急处置方案。

（6）食物中毒现场应急处置方案。

（7）恶劣天气现场应急处置方案。

（8）急性传染病现场应急处置方案。

（9）交通事故现场应急处置方案。

（10）地质灾害现场应急处置方案。

（11）洪水灾害现场应急处置方案。

7.3 安全生产专项费用

及时、足量的安全投入是生产经营单位安全生产最基本的保障。工程项目的安全资金不到位、安全投入欠账多、安全费用使用不清晰，会直接导致安全风险长期得不到有效控制，使得重大危险源和重大风险转化为事故。因此，在遵循国家、行业的法规、标准要求，足额足量计提安全生产专项费用的同时，工程项目还需要明晰安全生产专项费用的使用范围，确保各项费用投入充足、使用有效。

安全生产专项费用应用于以下方面，不得挪作他用：

（1）施工现场临时用电系统、洞口、临边、机械设备，高处作业防护，交叉作业防护，防火，防爆，防尘，防毒，防雷，防台风，防地质灾害，地下工程有害气体监测、通风、临时安全防护等设施设备支出。

（2）配备、维护、保养应急救援器材、设备支出和应急演练支出。

（3）开展重大危险源和事故隐患评估、监控、整改支出。

（4）安全生产检查、评价（不包括新建、改建、扩建项目安全评价）、咨询和标准化建设支出。

（5）配备和更新现场作业人员安全防护用品支出。

（6）安全生产宣传、教育、培训支出。

（7）安全生产适用的“五新”的推广应用支出。

（8）安全设施及特种设备检测检验支出。

（9）其他与安全生产直接相关的支出。

7.4 重要分部分项工程

7.4.1 编制专项施工方案的分部分项工程建议清单

建议应当编制专项施工方案的分部分项工程，包括但不限于以下内容。

1. 通用部分

各类工程项目施工中若出现下列分部分项工程，应当编制专项施工方案。

（1）特殊地质地貌条件下施工。

（2）人工挖孔桩工程。

（3）土方开挖工程：开挖深度超过3 m（含3 m）的基坑（槽）的土方开挖工程。

（4）基坑支护、降水工程：开挖深度超过3 m（含3 m）或虽未超过3 m但地质条件和周边环境复杂的基坑（槽）支护、降水工程。

（5）边坡支护工程。

（6）模板工程及支撑体系：

——各类工具式模板工程：包括大模板、滑模、爬模、飞模、翻模等工程。

——混凝土模板支撑工程：搭设高度5 m及以上；搭设跨度10 m及以上；施工总荷载10 kN/m^2及以上；集中线荷载15 kN/m及以上；高度大于支撑水平投影宽度且相对独立无联系构件的混凝土模板支撑工程。

——承重支撑体系：用于钢结构安装等满堂支撑体系。

（7）起重吊装及安装拆卸工程：

——采用非常规起重设备、方法，且单件起吊重量在10 kN及以上的起重吊装工程。

——采用起重机械进行安装的工程。

——起重机械设备自身的安装、拆卸。

（8）脚手架工程：

——搭设高度24 m及以上的落地式钢管脚手架工程。

——附着式整体和分片提升脚手架工程。

——悬挑式脚手架工程，吊篮脚手架工程。

——自制卸料平台、移动操作平台工程。

——新型及异型脚手架工程。

（9）拆除、爆破工程：建（构）筑物拆除工程和采用爆破拆除的工程。

（10）临近带电体作业。

（11）其他：

——建筑幕墙安装工程。

——钢结构、网架和索膜结构安装工程。

——地下暗挖、顶管、盾构、水上（下）、滩涂及复杂地形作业。

——预应力工程。

——用电设备在5台及以上或设备总容量在50 kW及以上的临时用电工程。

——厂用设备带电。

——主变压器就位、安装。

——高压设备试验。

——厂、站（含风力发电）设备整套启动试运行。

——有限空间作业。

——采用新技术、新工艺、新材料、新设备的分部分项工程。

2. 火电（含核电常规岛）工程

火电（含核电常规岛）工程项目施工中若出现下列分部分项工程，应当编制专项施工方案。

（1）锅炉水压试验。

（2）汽包就位。

（3）锅炉板梁吊装就位。

（4）锅炉受热面吊装就位。

（5）汽轮机本体安装。

（6）燃机模块吊装就位。

（7）发电机定子吊装就位。

（8）除氧器吊装就位。

（9）氢系统充氢。

（10）燃气管道置换及充气。

（11）锅炉酸洗作业。

（12）锅炉、汽机管道吹扫。

（13）燃油系统进油。

（14）液氨罐充氨。

（15）烟囱、冷却塔筒壁施工。

3. 水电工程

水电工程项目施工中若出现下列分部分项工程，应当编制专项施工方案。

（1）隧道、竖井、大坝、地下厂房、防渗墙、灌浆平洞、主动（被动）防护网、松散体、危岩体等开挖、支护、混凝土浇筑工程。

（2）水轮机安装及充水试验。

（3）尾水管、座环、发电机转子定子吊装。

（4）缆机设备自身的安装、拆卸工程。

（5）岩壁梁工程。

（6）竖（斜）井载人（载物）提升机械安装工程。

（7）上下游围堰爆破拆除工程。

（8）水下岩坎爆破工程。

4. 送变电及新能源工程

送变电及新能源工程项目施工中若出现下列分部分项工程，应当编制专项施工方案。

（1）运行电力线路下方的线路基础开挖工程。

（2）10 kV 及以上带电跨（穿）越工程。

（3）15 m 及以上跨越架搭拆作业工程。

（4）跨越铁路、公路、航道、通信线路、河流、湖泊及其他障碍物的作业工程。

（5）铁塔组立，张力放线及紧线作业工程。

（6）采用无人机、飞艇、动力伞等特殊方式作业工程。

（7）铁塔、线路拆除工程。

（8）索道、旱船运输作业工程。

（9）塔筒及风机运输、安装工程。

（10）山地光伏安装（含设备运输）工程。

7.4.2 组织专家论证专项施工方案的分部分项工程建议清单

建议应组织专家论证专项施工方案的分部分项工程，包括但不限于以下内容。

1. 通用部分

各类工程项目施工中若出现下列分部分项工程，应当应组织专家论证专项施工方案。

（1）深基坑工程：

——开挖深度超过 5 m（含）的基坑（槽）的土方开挖、支护、降水工程。

——开挖深度虽未超过 5 m，但地质条件、周围环境和地下管线复杂，或影响毗邻建（构）筑物安全的基坑（槽）的土方开挖、支护、降水工程。

（2）模板工程及支撑体系：

——各类工具式模板工程：包括大模板、滑模、爬模、飞模、翻模等工程。

——混凝土模板支撑工程：搭设高度 8 m 及以上；搭设跨度 18 m 及以上；施工总荷载 15 kN/m^2 及以上；集中线荷载 20 kN/m 及以上。

——承重支撑体系：用于钢结构安装等满堂支撑体系，受单点集中荷载 700 kg 以上。

（3）起重吊装及安装拆卸工程：

——采用非常规起重设备、方法，且单件起吊重量在 100 kN 及以上的起重吊装工程。

——起重量 600 kN 及以上的起重设备安装工程，高度 200 m 及以上的内爬起重设备的拆除工程。

（4）脚手架工程：搭设高度 50 m 及以上落地式钢管脚手架工程；提升高度 150 m 及以上附着式整体和分片提升脚手架工程；架体高度 20 m 及以上悬挑式脚手架工程。

（5）拆除、爆破工程：

——采用爆破拆除的工程；码头、桥梁、高架、烟囱、冷却塔拆除工程；容易引起有毒有害气（液）体、粉尘扩散造成环境污染及易引发火灾爆炸事故的建（构）筑物拆除工程。

——可能影响行人、交通、电力设施、通信设施或其他建（构）筑物安全的拆除工程。

——文物保护建筑、优秀历史建筑或历史文化风貌区控制范围的拆除工程。

（6）其他：

——施工高度 50 m 及以上的建筑幕墙安装工程；跨度大于 36 m 及以上的钢结构安装工程；跨度大于 60 m 及以上的网架和索膜结构安装工程；开挖深度超过 8 m 的人工挖孔桩工程；复杂地质条件的地下暗挖工程，顶管、盾构、水下作业工程；高度在 30 m 及以上的高边坡支护工程。

——采用新技术、新工艺、新材料、新设备且无相关技术标准的分部分项工程。

2. 水电工程

水电工程项目施工中若出现下列分部分项工程，应当组织专家论证专项施工方案。

（1）缆机设备自身的安装、拆卸作业工程。

（2）岩壁梁施工作业工程。

（3）竖（斜）井载人提升机械安装工程。

（4）隧道开挖作业工程。

（5）上下游围堰爆破拆除工程。

（6）水下岩坎爆破工程。

3. 送变电及新能源工程

送变电及新能源工程项目施工中若出现下列分部分项工程，应当应组织专家论证专项施工方案。

（1）高度超过 80 m 及以上的高塔组立工程。

（2）运输重量在 20 kN 及以上、牵引力在 10 kN 及以上的重型索道运输作业工程。

（3）风机（含海上）吊装工程。

7.4.3　重要临时设施、重要施工工序、特殊作业、危险作业项目建议清单

以下为建议明确为重要临时设施、重要施工工序、特殊作业、危险作业项目的内容，但不限于下列内容。

1. 重要临时设施

包括：施工供用电、用水、压缩空气及其管线，氧气、乙炔库及其管道，交通运输道路，作业棚，加工间，资料档案库，砂石料生产系统，混凝土生产系

统，布料机，混凝土预制件生产厂，起重运输机械，油库、炸药、剧毒品库及其他危险品库，射源存放库和锅炉房等。

2. 重要施工工序

包括：大型起重机械安装、拆除、移位及负荷试验，特殊杆塔及大型构件吊装，高塔组立，张力放线、预应力混凝土张拉，除氧器吊装，汽轮机扣缸，发电机定子吊装，发电机穿转子，大型变压器运输、吊罩、抽芯检查、干燥及耐压试验，主要电气设备耐压试验，高压线路及厂用设备带电，油系统进油，锅炉受热面及大板梁吊装，锅炉水压试验，临时供电设备安装与检修，汽水管道冲洗及过渡，循环水泵、磨煤机等重要转动机械试运，主汽管吹洗，锅炉升压、安全门整定，油循环，汽轮发电机组试运，燃气管道吹扫，燃气、氢气等投运，发电机首次并网，高边坡开挖，爆破作业，高排架、承重排架安装和拆除，土石方开挖、基础处理、支护，大体积混凝土浇筑，机电金结安装，水轮机充水试验，洞室开挖中遇断层、破碎带的处理等。

3. 特殊作业

包括：大型设备、构件装卸运输（超重、超高、超宽、超长、精密、价格昂贵设备），爆破、爆压及在有限空间内作业，高压带电线路交叉作业，邻近高压线路施工，重要及特殊跨越作业，进入高压带电区、厂（站）运行区、氢气站、氨区、油区、氧气（乙炔）站及带电线路作业，高处压接导线，接触易燃易爆、剧毒、腐蚀剂、有害气体或液体及粉尘、射线作业，季节性施工，多工种立体交叉作业及与运行交叉的作业，盲板抽堵作业，大坎、悬崖部分混凝土浇筑，岩臂梁施工等。

4. 危险作业项目

包括：起重机满负荷起吊，两台及以上起重机抬吊作业，移动式起重机在高压线下方及其附近作业，起吊危险品，超重、超高、超宽、超长物件装卸及运输，易燃易爆区动火作业，在发电、变电运行区作业，高处作业，高压带电作业及邻近高压带电体作业，特殊高处脚手架、大型起重机械拆卸、组装作业，水上、水下作业，沉井、沉箱、顶管、盾构、受限空间内作业，土石方爆破，国家和地方规定的其他危险作业。

7.4.4 办理安全施工作业票的分部分项工程建议清单

建议应办理安全施工作业票的分部分项工程，包括但不限于以下内容。

1. 通用危险作业项目

各类工程项目施工中若出现下列分部分项工程，应办理安全施工作业票。

（1）特殊地质地貌条件下基础施工。

（2）3 m 及以上基坑在复杂地质条件施工，5 m 及以上基坑施工，人工挖孔桩作业。

（3）高边坡开挖和支护作业。

（4）多种施工机械交叉作业的土石方工程。

（5）爆破作业。

（6）悬崖部分混凝土浇筑。

（7）24 m 及以上落地钢管脚手架搭设及拆除。

（8）大型起重机械安装、移位及负荷试验。

（9）卷扬机提升系统组装、拆除作业。

（10）两台及以上起重机械抬吊作业。

（11）厂（站）内超载、超高、超宽、超长物件和重大、精密、价格昂贵的设备装卸及运输。

（12）起吊危险品作业。

（13）起重机械达到额定负荷 90% 的起吊作业。

（14）变压器（换流变、高抗）就位及安装。

（15）大型构件（架）吊装。

（16）厂（站）设备带电。

（17）临近带电体作业。

（18）高压试验作业。

（19）发电机定子、转子组装及调整试验。

（20）水上（下）作业。

（21）有限空间作业。

（22）重点防火部位的动火作业。

2. 火电工程（核电常规岛建设）

火电工程（核电常规岛建设）项目施工中若出现下列分部分项工程，应办理安全施工作业票。

（1）发电机定子吊装就位、汽轮机扣缸。

（2）锅炉顶板梁吊装、就位。

（3）锅炉水压试验。

（4）磨煤机、送引风机等重要辅机的试运。

（5）锅炉、汽机管道吹扫。

（6）燃机模块吊装就位。

（7）机组的启动及试运行。

3. 水电工程

水电工程项目施工中若出现下列分部分项工程，应办理安全施工作业票。

（1）洞室开挖遇断层处理。

（2）岩壁梁施工。

（3）充排水检查。

（4）危石、塌方处理。

（5）液氨管道检修焊接。

（6）坝体渗水处理。

（7）机组的启动及试运行。

4. 送变电及新能源工程

送变电及新能源工程项目施工中若出现下列分部分项工程，应办理安全施工作业票。

（1）换流阀安装。

（2）运行电力线路下方的线路基础开挖。

（3）10 kV 及以上带电跨（穿）越作业。

（4）15 m 及以上跨越架搭拆作业。

（5）跨越铁路、公路、航道、通信线路、湖泊及其他障碍物的作业。

（6）杆塔组立，张力放线及紧线施工。

（7）特殊施工方式作业（无人机、飞艇、动力伞等）。

（8）杆塔、线路拆除工程。

（9）索道、旱船运输作业。

（10）塔筒及风机在山区道路运输。

（11）风机吊装。

5. 其他

项目施工中若存在国家、行业和地方规定的其他重要及危险作业，应办理安全施工作业票。

7.5 施工机械设备设施

7.5.1 常用的施工机械设备分类

电力建设工程施工机械设备的种类很多，根据设备主要参数可分为大、中、小型施工机械设备。根据用途可分为混凝土机械、钢筋加工及预应力机械、土石方机械、起重机械、桩工机械、砂石料生产机械、运输机械、焊接机械、木工机械、地下施工机械及其他中小型机械等。

（1）混凝土机械：主要有混凝土搅拌机、混凝土搅拌输送车、混凝土泵等。

（2）钢筋加工及预应力机械：主要有钢筋切断机、钢筋调直机、钢筋弯曲机、钢筋对焊机、钢筋预应力机等。

（3）土石方机械：主要有装载机、挖掘机、推土机、翻斗车等。

（4）起重机械：属于特种设备的主要有塔式起重机（简称塔吊，40 t · m 以上）、门座起重机、桥式起重机（简称桥吊，3 t 以上）、龙门式起重机、履带式起重机、水塔平桥、施工升降机、轮胎式起重机、缆索起重机、叉式起重机，其他起重机械主要有卷扬机、电动葫芦、液压或电动滑模装置、抱杆、机动绞磨、牵引机、张力机、汽车起重机、塔带机。

（5）桩工机械：主要有打桩机、振动沉桩机、压桩机、灌注桩钻孔机等。

（6）砂石料生产机械：主要有破碎机、筛分机、输送机、取料机等。

（7）运输机械：主要有低驾平板车、拖板车、机动翻斗车、拖拉机等。

（8）焊接机械：主要有交（直）流焊机、氩弧焊机、点焊机、二氧化碳气体保护焊机、埋弧焊机、对焊机、竖向钢筋电渣压力焊机等。

（9）木工机械：主要有带锯机、圆盘锯、平刨、木工车床等。

（10）地下施工机械：主要有顶管机、盾构机等。

（11）其他中小型机械：主要有咬口机、剪板机、折板机、卷板机、坡口机、法兰卷圆机、套丝切管机、弯管机、小型台钻、喷浆机、柱塞式与隔膜式灰浆泵、挤压式灰浆泵、水磨石机、切割机、通风机、离心水泵、潜水泵、深井泵、泥浆泵、真空泵、空压机等。

7.5.2 安全设施建议清单

包括但不限于以下设施建议列为安全设施。

1. 预防事故设施

（1）检测、报警设施：主要有压力表、温度计、液位计、流量表、可燃气体、有毒有害气体等检测和报警器等。

（2）机械设备安全防护设施：主要有防护罩、防护屏、防雨棚、静电接地设施等（未含施工机械设备自带的安全防护装置）。

（3）安全隔离设施：主要有安全围栏、安全隔离网、提示遮拦等。

（4）孔洞防护设施：主要有孔洞盖板、沟道盖板及护栏。

（5）安全通道：主要有斜型走道和水平通道（含栈桥、栈道、悬空通道）。

（6）高处作业安全设施：主要有安全网（含滑线安全网、线路跨越封网）、密目式安全立网、钢（软）爬梯（含下线爬梯）、水平安全绳、活动支架、速差自控器、攀登自锁器（及配套缆绳）、柱头托架、高处摘钩及对口走台托架、高处作业平台等。

（7）施工用电设施：主要有施工配电集装箱、低压配电箱、便携式卷线盘、安全隔离电源、漏电保安器、集中广式照明设施、安全低压照明设施等。

（8）预防雷击和近电作业防护设施：主要有接地滑车、接地线、验电器等。

（9）其他安全设施：主要有通风与除尘设备（含喷、洒水车）、易燃易爆物资储存设施，现场休息室（吸烟室）、隔音值班室、现场医疗室、作业棚、电焊机集装箱及二次线通道、排架、井架、施工电梯及各类安全宣传、警示、指示、操作规程牌等。

2. 减少与消除事故影响设施

（1）灭火设施：主要有消防器材架、消防桶、消防锹、灭火器、消火栓、高压水枪（炮）、消防车、消防水管网、消防站等。

（2）紧急个体处置设施：主要有洗眼器、喷淋器、逃生器、逃生索、应急照明等。

（3）应急救援设施：主要有工程抢险装备和现场受伤人员医疗抢救设施等。

（4）逃生避难设施：主要有逃生和避难的安全通道（梯）、安全避难所、避难信号等。

7.6 体系运行记录文件

工程项目风险管控体系运行中，应按照评估要素对工程项目安全管理工作进行自评自查和监督检查，提出不合规项目，及时进行改进提升，实现风险管控的有效性。表单化的检查记录和整改验证文件能够帮助工程项目总承包单位、总承包项目部、承包商单位的工作清晰化、规范化，简化管理流程，明确管理责任。同时，标准化的工作表单设计可以与工程项目管理信息系统进行对接，达到安全监管的信息化、数据化、网络化，提高管理效能，也有利于为风险预测预警积累基础数据。

工程项目风险管控体系运行检验检查记录表（样表）见表7－1、表7－2，工程项目风险管控体系运行检验检查整改验证表（样表）见表7－3。

表7－1 机构和职责运行检验检查记录表

编号：AQ－1－1

项目名称	机构和职责	检查日期	年 月 日
检查形式	日常检查（ ） 定期检查（ ） 专项检查（ ） 综合检查（ ）		
组织单位	上级单位（ ） 总承包单位（ ） 施工单位（ ） 分包单位（ ） 班组（ ）		
受检单位	总承包单位（ ） 施工单位（ ） 分包单位（ ） 班组（ ） 其他单位：		
检 查 内 容			
序号	检查标准主要内容	检查结果 符合（√） 不符合（×）	问题描述（照片）
1	建立健全安全生产监督管理组织机构，配备专职安全生产管理人员，设置安全总监，安全总监按副总经理职级配置；项目经理和安全管理人员应持安全资格证书上岗，专职安全生产管理人员中至少有一名持注册安全工程师证书	□	
2	成立项目安全委员会，由各部门、承包商单位负责参加；设安全委员会办公室，负责日常安全管理工作，制定安全委员会管理制度，规定工作程序	□	
3	每季度召开一次项目安全委员会会议，会后由安全委员会主任签发并发布会议纪要，由安全委员会办公室负责会议决议事项的落实	□	

表7-1（续）

序号	检查标准主要内容	检查结果 符合（√） 不符合（×）	问题描述（照片）
4	制定本项目各级安全职责，要求“管生产必须管安全”“管业务必管安全”，安全责任覆盖每个岗位	□	
5	其他	□	
检查结果			
整改意见			
检查人员签字		被检查单位签字	

表7-2　法律法规获取运行检验检查记录表

编号：AQ-1-2

项目名称	法律法规获取	检查日期	年　月　日
检查形式	日常检查(　)　定期检查(　)　专项检查(　)　综合检查(　)		
组织单位	上级单位(　)　总承包单位(　)　施工单位(　)　分包单位(　)　班组(　)		
受检单位	总承包单位(　)　施工单位(　)　分包单位(　)　班组(　)　其他单位：		

检　查　内　容

序号	检查标准主要内容	检查结果 符合（√） 不符合（×）	问题描述（照片）
1	编制本工程项目《安全生产法律法规、标准规范的识别、获取实施制度》；规定法律法规识别方法、获取途径；明确对获取法律法规范围、更新、应用的要求，由项目部经理批准发布	□	
2	定期获取安全方面的法律法规及地方性法律法规，将文件整理发布，并对收集的相关文件进行解读	□	
3	根据国家相关部门发布的作废法律法规文件清单，定时向项目部各部门和承包商单位发布更新信息	□	
4	其他	□	
检查结果			
整改意见			
检查人员签字		被检查单位签字	

表7－3　运行检验检查整改验证表

受检单位				
检查单编号	AQ－X. X－X－回复			
整改意见				
序号	问题描述（照片）	整改结果（照片）	验证结果	
			符合（√）	不符合（√）
1				
2				
3				
4				
5				
6				
7				
8				
9				
10				
11				
被检查单位签字/时间：		经办人：	负责人：	
组织单位验证结论：		项目经理：		
验证人员签字/时间：		经办人：	审核人：	

一式两份：一份存档、一份备查。

附录　术语、缩写与定义

1. 风险

生产安全事故或健康损害事件发生的可能性和严重性的组合。可能性，是指事故（事件）发生的概率；严重性，是指事故（事件）一旦发生后，将造成的人员伤害和经济损失的严重程度。风险 = 可能性 × 严重性。

2. 可接受风险

根据法律义务和职业健康安全方针已被降至可容许程度的风险。

3. 重大风险

发生事故的可能性与事故后果二者结合后风险值被认定为重大的风险类型。

4. 危险源

可能导致人员伤害和（或）健康损害的根源、状态或行为，或其组合。

注：在分析生产过程中对人造成伤亡、影响人的身体健康甚至导致疾病的因素时，危险源可称为危险有害因素，分为人的因素、物的因素、环境因素和管理因素四类。

5. 风险点

风险伴随的设施、部位、场所和区域，以及在设施、部位、场所和区域实施的伴随风险的作业活动，或以上两者的组合。

6. 危险源辨识

识别危险源的存在并确定其分布和特性的过程。

7. 风险评价

对危险源导致的风险进行分析、评估、分级，对现有控制措施的充分性加以考虑，以及对风险是否可接受予以确定的过程。

8. 风险分级

通过采用科学、合理的方法对危险源所伴随的风险进行定性或定量评价，根据评价结果划分等级。

9. 风险分级管控

按照风险不同级别、所需管控资源、管控能力、管控措施复杂及难易程度等因素而确定不同管控层级的风险管控方式。

10. 风险控制措施

项目为将风险降低至可接受程度，针对该风险而采取的相应控制方法和手段。

11. 风险信息

风险点名称、危险源名称、类型、所在位当前状态以及伴随风险大小、等级、所需管控措施、责任单位、责任人等系列信息的综合。

12. 总承包项目部

指与建设单位直接签订工程施工合同的施工、设计（调试）设备企业的现场项目经理部。

13. 承包商单位

指与总承包企业签订工程（标段）施工合同的施工企业的现场项目经理部。